Kompetenzen vernetzen, überprüfen, nachweisen und erweitern

Der **Arbeitsanhang** ermöglicht Ihnen genau das, was seine Überschrift verspricht:

Die Seiten **Kompetenzen vernetzen** und **Kompetenzen überprüfen**
- ermöglichen Ihnen einen systematisierten Rückblick auf die Inhalte des Buches,
- liefern Ihnen die wichtigen Fachbegriffe des Buches. Die Begriffe finden Sie im Glossar des Buches definiert. Auf diesem Wege können Sie Ihr **Begriffswissen** wiederholen und festigen,
- geben Ihnen Anregungen zur **Selbstüberprüfung** Ihres Arbeitsstandes zu den Kapiteln.

TERRA **KLAUSURTRAINING**
- enthält ein Klausurbeispiel zum Üben und hilft Ihnen, sich auf diese Form des Nachweises Ihres Wissens und Könnens in der Oberstufe besser vorzubereiten,

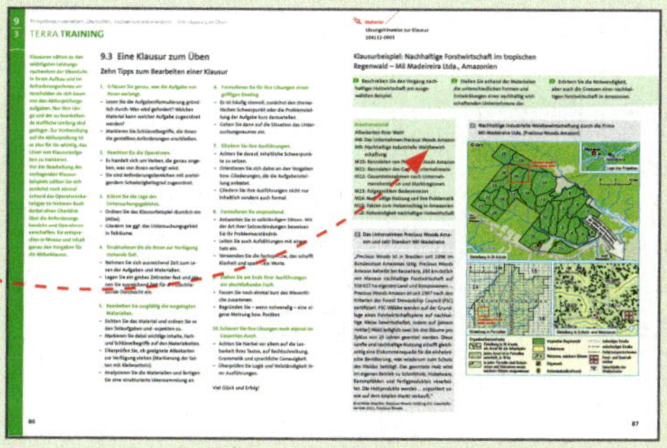

Darüber hinaus
- liefert der Anhang Ihnen zu den Kapiteln Literaturhinweise für vertiefende Studien und Arbeiten,
- beinhaltet er das Glossar mit wichtigen Fachbegriffen,
- ermöglicht er Ihnen, sich Inhalte des Buches über die Seitenangaben zu den Registerbegriffen rückwirkend zu erschließen.

Vernetzt arbeiten

Lateinamerika – ein Kontinent der Gegensätze – Naturräumliche Vielfalt – mangelhafte Vernetzung

Der Kolumnentitel auf der linken oberen Buchseite zeigt Ihnen jederzeit, in welchem Kapitel und Teilkapitel Sie gerade arbeiten.

Subsistenzwirtschaft

Fette Begriffe im Text sind im Glossar des Arbeitsanhanges definiert.

Seite 73
Maquiladora-Industrie

Mit dem Verweispfeil in der Randspalte wird auf andere Seiten,

(Tabelle 6)

durch Verweise in Klammern wird in Texten auf Materialien, Aufgaben, ... verwiesen.

Zusatzangebot im Internet

Weitere Materialien, weiterführende Links, Lernangebote und Hilfsmittel zu den Themen der Kapitel dieses Buches finden Sie im Internet, leicht erschließbar mithilfe von Online-Links.
Die Online-Links, z. B. 104112-0102, stehen, den Kapiteln zugeordnet, immer oben auf der rechten Buchseite.

Material
Infoblatt: Höhenschichten Südamerikas
104112-0102

Öffnen Sie die Internetseite **www.klett.de/online** und geben Sie den Online-Link im Suchfenster ein.

So gelangen Sie zum jeweiligen Material.

Titelbild: Toquepala-Kupfermine, Peru © Agence France-Press (Nasa), Berlin

1. Auflage 1 7 6 5 4 3 | 23 22 21 20 19

Autoren: Dr. Wilfried Korby, Korb; Arno Kreus, Aachen; Norbert von der Ruhren, Aachen
Mit Beiträgen von: Pasquale Boeti, Pulheim
Redaktion: Mandy Görner, Oederan
Herstellung: Michael Hebestreit

Gestaltung: Nathanaël Gourdin & Katy Müller GbR, Leipzig
Umschlaggestaltung: Nathanaël Gourdin & Katy Müller GbR, Leipzig
Illustrationen: Steffen Butz, Karlsruhe; Bettina Eckenfelder, Wenigenlupnitz; Rudolf Hungreder, Leinfelden-Echterdingen; Diana Jäckel, Erfurt; Steffen Jähde, Sundhagen; Wolfgang Schaar, Grafing
Karten: Klett-Perthes, Gotha (Dr. Henry Waldenburger, Thomas Hönicke); kartografix, Suhl (Dagmar Hengelhaupt)
Satz: Druckmedienzentrum Gotha GmbH, Gotha
Reproduktion: Druckmedienzentrum Gotha GmbH, Gotha
Druck: Firmengruppe APPL, aprinta druck, Wemding

Printed in Germany
ISBN 978-3-12-104112-1

9 783121 041121

Lateinamerika

Themenband Oberstufe

TERRA

Dr. Wilfried Korby
Arno Kreus
Norbert von der Ruhren

Ernst Klett Verlag
Stuttgart · Leipzig

Inhalt

Lateinamerika – ein Kontinent der Gegensätze

„Die von Europa vermutete Einheit Lateinamerikas ist weithin fiktiv. Seine Verbundenheit in der iberischen Sprachfamilie, die weite Verbreitung der katholischen Religion, die räumliche Nachbarschaft von Ländern vergleichbar niedrigen Entwicklungsstandes sowie die gemeinsam gespürte Abhängigkeit vom US-amerikanischen Nachbarn dürfen nicht darüber hinwegtäuschen, dass Lateinamerika ein höchst heterogenes Mosaik stark konkurrierender Regionen darstellt, deren Verschiedenheit zumeist die auch erfahrbaren Gemeinsamkeiten überlagert."

Konrad Tyrakowski: Hier prallen Welten aufeinander. Geographische Aspekte eines Kontinents. In: Agora, Zeitschrift der katholischen Universität Eichstätt, H. 2/1997. Eichstätt, S. 24

Scharfe Kontraste prägen die Geographie Lateinamerikas: von den tropischen Regenwäldern des Amazonasgebietes bis zu den extremen Wüsten an der peruanisch-chilenischen Küste, von den Hochgebirgen der Anden bis zu den ausgedehnten Sumpfgebieten des Pantanal im Süden Brasiliens.

Auch die Lebenswelten der Menschen sind von Gegensätzen geprägt: Fast 80 % leben in großstädtischen Agglomerationen, während im tropischen Regenwald noch in jüngster Vergangenheit indianische Stämme entdeckt wurden, die keinen Kontakt mit der modernen Zivilisation hatten. Hinzu kommen, wie in fast allen Entwicklungsländern, krasse Gegensätze zwischen unterschiedlichen Bevölkerungsgruppen und sozialen Schichten.

1 São Paulo: Stadt der Gegensätze

Kompetenzen erwerben:
- die naturräumliche Vielfalt Lateinamerikas beschreiben,
- anhand von Klimadiagrammen klimatische Charakteristika von Teilräumen kennzeichnen,
- aus einer Karte die ethnische Zusammensetzung der Bevölkerung in den Ländern Lateinamerikas herausarbeiten,
- die Stellung der indigenen Völker in Lateinamerika charakterisieren,
- die Armutssituation großer Bevölkerungsteile in den Ländern Lateinamerikas erörtern.

Material
Infoblatt: Wer entdeckte wirklich Amerika?
104112-0101

Begriff und Abgrenzung

2 Wo liegt Lateinamerika?

„Diese Frage scheint berechtigt, denn so selbstverständlich wie sich der Begriff zur Bezeichnung eines Subkontinents eingebürgert hat, so vielfältig sind die Bedeutungen, die mit ihm verbunden werden. Unter geografischen Gesichtspunkten wird zwischen Süd- und Mittelamerika sowie der Karibik unterschieden ... Unter einer politischen und kulturellen Perspektive stand Lateinamerika für die Kultur, die das romanisch sprechende katholische Europa auf die neue Welt projizierte ...
In Spanien wird der Begriff Iberoamerika bevorzugt, um damit auf die historischen Verbindungen der iberischen Länder zu verweisen – und auf ihre erneuerten Beziehungen mit Lateinamerika nach dem Ende der Diktaturen in Portugal und Spanien Mitte der 1970er-Jahre. Die 1948 gegründete UN-Wirtschaftskommission für Lateinamerika und die Karibik (Comisión Económica para América Latina y el Caribe, CEPAL) zählt auch den karibischen Raum dazu. Deshalb tauchen in ihren Berichten und Statistiken ehemalige Kolonien auf, in denen Englisch oder Französisch gesprochen wird.“

Nikolaus Werz: Einheit und Vielfalt Lateinamerikas. In: Bundeszentrale für politische Bildung (Hrsg.): Lateinamerika verstehen lernen. Bonn 2011, S. 13

3 Bezeichnungen und Abgrenzungen

Werner Hilgemann/Günter Kettermann/Manfred Hergt: dtv-Perthes-Weltatlas, Band 3: Südamerika. Darmstadt: Justus Perthes Verlag 1975, S. 7

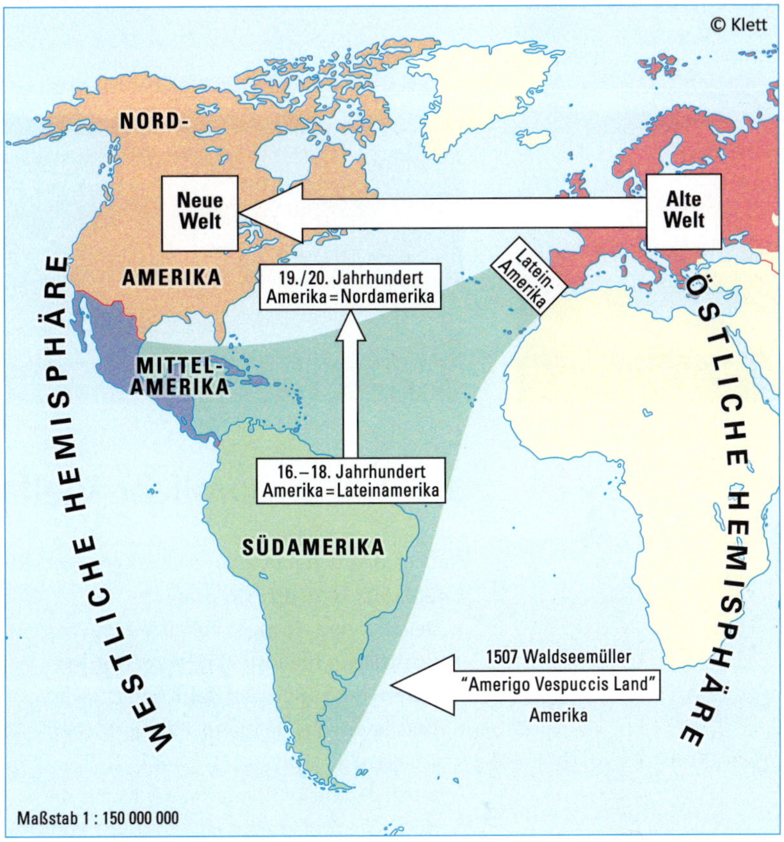

Lateinamerika ist also kein geographischer, sondern eher ein politisch-kultureller Begriff. Das Wort „Amerika“ wurde von dem deutschen Kosmographen Martin Waldseemüller im Gedenken an den Entdeckungsreisenden Amerigo Vespucci geprägt. Vespucci hatte um 1500 Aufsehen erregende Reiseberichte über seine Fahrten an die südamerikanische Nordostküste verfasst und als erster erkannt, dass das Land, das Kolumbus vermeintlich als Indien entdeckt hatte, in Wirklichkeit ein eigener Kontinent ist. Bis ins 18. Jahrhundert verstand man unter „Amerika“ speziell Lateinamerika. Erst seit dem 19. Jahrhundert wird der Begriff "Amerika“ synonym mit Nordamerika, vielfach sogar mit den USA verwendet.

Der Name „Lateinamerika“ weist darauf hin, dass vor allem romanische, d.h. durch die lateinische Sprache verbundene Völker der Iberischen Halbinsel, an der Entdeckung und Kolonisierung beteiligt waren. Er grenzt die spanisch- und portugiesischsprachigen Länder des Doppelkontinents Amerika von den angloamerikanischen Ländern ab. In der heute üblichen Definition zählt man zu Lateinamerika alle Länder südlich des Rio Grande, der die Grenze zwischen Mexiko und den USA bildet. Unter dem Gesichtspunkt der Kolonialgeschichte gehört dazu auch die gesamte Karibik. Üblicherweise wird Lateinamerika nochmals in „Mittelamerika“ und „Südamerika“ unterteilt. Mittelamerika umfasst die Landbrücke zwischen Nord- und Südamerika sowie die Westindischen Inseln, während Südamerika den südlichen Teil des Doppelkontinents darstellt.

4 Hochgebirge der Anden

5 Tropischer Regenwald

6 Atacamawüste

1.1 Naturräumliche Vielfalt – mangelhafte Vernetzung

Nach geologischem Bau und Relief gliedert sich Lateinamerika in drei Großräume:
- den andinen Hochgebirgsgürtel im Westen;
- weite Berg- und Tafelländer im Norden, Osten und Süden (Bergland von Guayana, Brasilianisches Bergland, Patagonisches Tafelland);
- ausgedehnte Tiefländer in der Mitte, die durch die drei großen Flusssysteme von Orinoco, Amazonas und Paraná-La Plata ausgefüllt sind.

Dieses an sich einfache Muster erfährt durch das Klima eine starke Differenzierung. Im Endeffekt ergibt sich so eine außerordentlich große Bandbreite in der naturräumlichen Ausstattung. Aufgrund der großen Nord-Süd-Erstreckung über mehr als 80 Breitenkreise (ca. 8900 km) hat Lateinamerika Anteil an mehreren Klima- und Vegetationszonen. Diese reichen von den Subtropen über die Tropen bis hin zu den kühlgemäßigten Breiten. Infolge der Anordnung der geologischen Bauelemente und der Reliefgestaltung sowie der Lage zu den großräumigen Windsystemen und Meeresströmungen werden diese Klimazonen stark abgewandelt. Es sind vor allem die Anden, die eine deutliche klimatische Sperrwirkung in west-östlicher Richtung haben und somit für eine diagonale Anordnung der Klimaregionen verantwortlich sind (vgl. Karte 8).

7 Mangelhafte Vernetzung der Großregionen

„Lateinamerika ist – räumlich gesehen und in scharfem Kontrast zum vernetzten Europa – ein Mosaik nur locker zusammenhängender Regionen, die sich seit der Kolonialzeit einer integralen und integrierten Nutzung sperren ... Die Küstenzonen sind bevorzugte Siedlungs- und Erschließungsräume seit der frühen Landnahmezeit des 16. Jahrhunderts. Von der Küste ausgehende Korridore traditioneller Verkehrsachsen und moderner Transportsysteme verweisen auf die bis heute strukturprägende kolonialzeitliche Raumerschließung. Demgegenüber sind die Binnenräume weithin menschenleer. Als Regionen vielseitiger Ressourcen sind sie aber zunehmend Objekte ökonomischer Interessen ...
Historisch gesehen sind die meisten Hochländer und Gebirgsräume (mexikanisches Hochland, Andentäler) traditionelle Räume antiker Hochkulturen (Mixteken, Azteken, Inka) ... Die natürliche Ausstattung erforderte von den vorspanischen Bewohnern eine spezifische, angepasste Lebensweise ... Da die europäischen Einwanderer sich bevorzugt ebenfalls in den höheren Lagen ansiedelten, gerieten diese Regionen unter speziellen Siedlungs- und Nutzungsdruck, der bis heute anhält ...“

Konrad Tyrakowski: a. a. O., S. 24

Material
Infoblatt: Höhenschichten Südamerikas
104112-0102

Material
Infoblatt: Atacama
104112-0103

8 Klimazonen und Klimadiagramme

1 Erklären Sie anhand der Karte 3 (Seite 7) die Bezeichnungen für den mittel- und südamerikanischen Raum.

2 Erstellen Sie mithilfe des Atlas eine kleine Übersichtsskizze über die natürlichen Großräume Lateinamerikas.

3 Charakterisieren Sie das Klima der in Karte 8 dargestellten Teilräume.

4 Erläutern Sie die Überschrift „Naturräumliche Vielfalt – mangelhafte Vernetzung“.

1.2 Kulturelle Vielfalt – gespaltene Gesellschaft

9 „Entdeckung" Amerikas

11 Kulturelle Heterogenität

„Lateinamerika ist weder als physische Region noch in seinem Entwicklungsstand ein einheitlicher Raum, und schon gar nicht ist es als kulturelle Einheit ein homogenes Gebilde. Es ist vielmehr im Wortsinn eine multikulturelle Welt, deren plurale Kulturen nicht nebeneinander existieren, sondern sich aneinander reiben, sich überlagern, sich mischen, teilweise sich sogar bekämpfen, dann wieder neben der rassischen Mestizierung auch regional eine kulturelle Mestizierung hervorgerufen haben."

Konrad Tyrakowski: a. a. O., S. 26

Indigenene Völker
Bezeichnung für die Ureinwohner eines Landes – in Lateinamerika die Nachkommen der vorkolumbischen Bevölkerung. Der Begriff „Indigene" wird in Lateinamerika heute allgemein anstelle des Wortes „Indio" verwendet, da dieses lange Zeit ein Schimpfwort für die Landbevölkerung war, die in den Augen der Weißen und Mestizen als „rückständig" und „ungebildet" galten.

Mestizierung
Entwurzelung, Vermischung; abgeleitet von Mestize, d. h. Nachfahre (Mischling) von einem weißen und einem indigenen Elternteil.

10 Koloniales Erbe und indigene Völker

„Lateinamerika ist ein europäischer Kontinent! Hier werden die Sprachen der iberischen Halbinsel gesprochen. Dieser Kontinent ist katholisch, auch wenn protestantische Gruppen aus den USA zunehmend Fuß fassen. Es ist ein intellektueller Kontinent. Das zeigen die weltweit anerkannten Autoren aus Soziologie, Politik und Theologie, die in Südamerika beheimatet sind. Viele literarische Werke haben Weltruhm erlangt. Ihre Farbigkeit und ihre Intensität werden hochgeschätzt. In Lateinamerika sind die Menschen kommunikativ, herzlich und von lebendiger Gastfreundschaft, so wie man sie aus Südeuropa kennt.
Aber Lateinamerika ist auch ein indigener Kontinent! In der Kolonialepoche wurden große Teile der ursprünglichen Bevölkerung umgebracht und versklavt, ihre Kultur verboten und ihr Land entweiht. Heute findet verstärkt eine Rückbesinnung statt: Die indigenen Völker sind auf der Suche nach den Werten ihrer Vergangenheit und schöpfen neue Kraft aus der Gemeinschaft und aus der überlieferten Spiritualität. Die indigenen Weisen stellen dem individuellen Menschenrecht der Europäer das Gemeinschaftsrecht der Indigenen an die Seite."

Wolfgang Schoop: Lateinamerika – zwischen indigener Weltsicht und globalem Gewinnstreben. In: MISEREOR Lehrerforum Nr. 69, Sept. 2008, Aachen: Bischöfliches Hilfswerk Misereor, S. 2

12 Indigene Völker zwischen Diskriminierung und Emanzipation

„Die indigenen Völker Lateinamerikas, die ursprünglichen Bewohner des Kontinents, machen heute etwa 10 % seiner Bevölkerung aus. Sie leben mehrheitlich in Mexiko, Guatemala, Ecuador, Peru und Bolivien. Und ihr Leben ist auch mehr als 500 Jahre nach der Kolonisierung von Armut und Diskriminierung geprägt. Aber dies ist nur ein Teil der Realität. In Bolivien haben Indigene mittlerweile die politische Macht errungen und auch in anderen Ländern sind sie zentraler Bestandteil der sozialen Bewegungen geworden ...
Bis heute ist die Situation vieler indigener Völker [jedoch] durch Diskriminierung und Marginalisierung geprägt. Eine Untersuchung der Weltbank über die ökonomische Armut indigener Völker und die wirtschaftliche Entwicklung von 1994 bis 2004 zeigt, dass in Bolivien, Ecuador, Peru, Guatemala und Mexiko der Prozentsatz armer und extrem armer indigener Haushalte fast gleich geblieben ist. Die Zahl armer indigener Haushalte wird in Mexiko mit 89,7 % angegeben (nicht-indigene Haushalte: 46,7 %), in Ecuador mit 87 % (nicht-indigene: 52 %) und Bolivien mit 74 % (nicht-indigene: 53 %)."

Heidi Feldt: Indigene Völker: Zwischen Diskriminierung und Emanzipation. In: Bundeszentrale für politische Bildung (Hrsg.): Lateinamerika verstehen lernen. A. a. O., S. 174 u. 178

Material
Infoblatt: Indigene Völker
104112-0104

13 Lateinamerika: Staaten und ethnische Gruppen 2010 Nach Nikolaus Werz: a.a.O., S.16

5 Erstellen Sie mithilfe des Internets eine ausführliche Definition des Begriffes „indigene Völker".

6 Beschreiben Sie anhand der Karte 13 die ethnische Zusammensetzung in einzelnen ausgewählten Staaten.

1.3 Lateinamerika – geteilt in Arm und Reich

14 Armut in Lateinamerika

Gini-Koeffizient für Einkommen

Der Gini-Koeffizient ist ein Maß für die Einkommensverteilung innerhalb eines Landes. Je höher der Gini-Koeffizient ist, desto ungleicher ist die Verteilung. Ein Wert von 0 bedeutet absolute Gleichheit, ein Wert von 100 absolute Ungleichheit.

15 Armut in Lateinamerika

„Armut ist in Lateinamerika nicht das Schicksal einer Randgruppe, sondern ein Massenphänomen … Es gibt die ländliche Armut in vernachlässigten Gebirgsregionen der zentralen Anden, in den Trockengebieten des brasilianischen Nordostens oder im Randbereich des Gran Chaco, einer Region mit Trockenwäldern und Dornsavannen im Inneren Südamerikas. Vielen Kleinbauern fehlt dort der Zugang zu einem modernen Straßennetz, zu Einrichtungen der Gesundheitsversorgung, zu Bildung und nicht zuletzt zu Mitteln, ihre landwirtschaftliche Produktion zu verbessern. Auch das städtische Elend in den Randbezirken der Metropolen ist mit spezifischen Formen fehlender Zugangsmöglichkeiten verbunden. Vielen Familien werden Wohn- und Arbeitsrechte oder die Anbindung an das Wasser- und Elektrizitätsnetz vorenthalten … Vor dem Hintergrund dieser Benachteiligungen wird verständlich, dass in Lateinamerika eine eklatante Ungleichheit herrscht und man von ‚gespaltenen Gesellschaften' sprechen muss. Selbst reiche Länder wie Brasilien, Mexiko oder Argentinien sind von erschütternder Armut geprägt …"

Wolfgang Schoop: Armut und soziale Ungleichheit: Die Kluft überwinden. In: Bundeszentrale für politische Bildung (Hrsg.): Lateinamerika verstehen lernen. A. a. O., S. 124

16 Lateinamerika, ein sozial gespaltener Kontinent

„Im Vergleich zu anderen Regionen der Welt sind die Einkommen in Lateinamerika ausgesprochen ungleich verteilt. Das belegt der sogenannte Gini-Koeffizient, der das Einkommen der Reichsten eines Landes mit dem der Ärmsten vergleicht … In der Gruppe der größten Volkswirtschaften verzeichnet vor allem Brasilien einen erschütternd hohen Wert, was die ausgeprägte Zweiteilung dieser Industrienation signalisiert. Auf der anderen Seite stehen Venezuela (mit seiner politischen Sonderstellung) und Uruguay (mit seiner traditionell breiten Mittelschicht): Sie erreichen einen relativ ausgeglichenen Wert. Haiti und Bolivien, die das geringste Pro-Kopf-Einkommen aufweisen, sind gleichzeitig die Länder mit der größten sozialen Ungleichheit. Zu dieser Gruppe gehört auch Kolumbien, ein Land, das seit zwei Generationen Schauplatz bewaffneter Auseinandersetzungen ist. Diese können einerseits als Ursache, andererseits als Folge der großen gesellschaftlichen Gegensätze angesehen werden. Insgesamt ist in Lateinamerika der Anteil der sozial gespaltenen Länder höher als in Afrika und Asien, obwohl dort mitunter weit geringere Pro-Kopf-Einkommen erzielt werden."

Ebenda, S. 124

17 Gini-Koeffizient lateinamerikanischer Länder (Ø 2000 – 2011)

Deutsche Gesellschaft für die Vereinten Nationen (Hrsg.): Bericht über die menschliche Entwicklung 2011. Berlin 2011

Argentinien	45,8
Bolivien	57,3
Brasilien	53,9
Chile	52,1
Kolumbien	58,5
Mexiko	51,7
Paraguay	52,0
Peru	48,0
Uruguay	42,4
Venezuela	43,5
z. Vgl. Deutschland	28,3

18 Soziale Indikatoren ausgewählter lateinamerikanischer Länder

Der neue Fischer Weltalmanach 2012, Frankfurt: Fischer Taschenbuch Verlag 2011; Deutsche Gesellschaft für die Vereinten Nationen (Hrsg.): Bericht über die menschliche Entwicklung. Berlin, verschiedene Jahrgänge

Land	BIP in Mrd. US-$, 2010	BNE/EW in PPP-$[1], 2009	HDI[2], 2010	Anteil der Bevölkerung mit weniger als 1,25 US-$ pro Tag, 2008	Anteil der Bevölkerung in mehrdimensionaler Armut[3], 2008
Argentinien	344	14090	0,775	3,4	3,0
Bolivien	19	4250	0,643	11,7	36,3
Brasilien	1911	10160	0,699	5,2	8,5
Chile	197	13420	0,783	<2,0	k. A.
Costa Rica	36	10930	0,725	<2,0	k. A.
Ecuador	59	8100	0,695	4,7	2,2
Haiti	7 (2009)	k. A.	0,404	54,9	57,3
Honduras	14 (2009)	3710	0,604	18,2	32,6
Kolumbien	286	8600	0,689	16,0	9,2
Mexiko	1040	1420	0,750	4,0	4,0
Nicaragua	6 (2009)	2540	0,565	15,8	40,7
Paraguay	17	4430	0,640	6,5	13,3
Peru	153	8120	0,723	7,7	19,8
Uruguay	41	12900	0,765	<2,0	1,7
Venezuela	291 (2009)	12220	0,696	3,5	k. A.

[1] PPP-$ (Kaufkraftparität): Internationale Kaufkraft der Währung eines Landes; sie gibt an, wie viele Einheiten der jeweiligen Währung erforderlich sind, um den gleichen repräsentativen Waren- und Dienstleistungskorb zu kaufen, den man für 1 US-$ in den USA erhalten könnte.

[2] Human Development Index (HDI): Indikator zur Anzeige des Entwicklungsstands eines Landes; er setzt sich zusammen aus der Lebenserwartung, dem Bildungsstand und der Kaufkraft pro Kopf; höchster Wert: 1,0, niedrigster Wert 0,0; z. Vgl. Deutschland: 0,885

[3] Mehrdimensionale Armut: eine aus zehn Indikatoren zusammengesetzte Maßeinheit zur Ermittlung der Armut der Bevölkerung; die Indikatoren sind folgenden Bereichen entnommen: Gesundheit (Ernährung, Kindersterblichkeit), Bildung (z. B. Schulbesuch in Jahren), Lebensqualität (z. B. Zugang zu sanitären Einrichtungen, Strom, Trinkwasser).

19 Frauen als vorrangige Opfer

„Frauen sind in Lateinamerika in hohem Maße von Armut bedroht. Die Folgen von Wirtschaftskrisen und Naturkatastrophen erreichen sie als Erste. Sie gehören zu den anfälligsten Gliedern der Gesellschaft, vor allem auf diesem Kontinent, wo die ‚Kultur des Männlichen' (Machismo) noch immer stark ausgeprägt ist. In ihren Partnerschaften sind Frauen nicht selten körperlicher Gewalt ausgesetzt. Zahlreiche Männer verlassen ihre Familien und suchen eine Beschäftigung in anderen Regionen. Armut macht zwangsläufig mobil. Viele Familien werden auseinandergerissen. Das geschieht auf dem flachen Land ebenso wie in den Elendsvierteln der Megacitys. ...

Partnerschaften, die von Armut bedroht werden und deshalb höchst fragil sind, bieten auch den Kindern nur unzureichend Schutz. Eine große Zahl von Straßenkindern ist die Folge."

Wolfgang Schoop: Gespaltene Gesellschaften. In: MISEREOR Lehrerforum Nr. 81, Sept. 2011, Aachen: Bischöfliches Hilfswerk Misereor, S. 2

20 Kinderarbeit in Lateinamerika: Anteil der beschäftigten Kinder unter den 7- bis 14-Jährigen (2005)

Nach The World Bank: World Development Indicators. Washington 2009. Kap. 2.6, S. 60–62

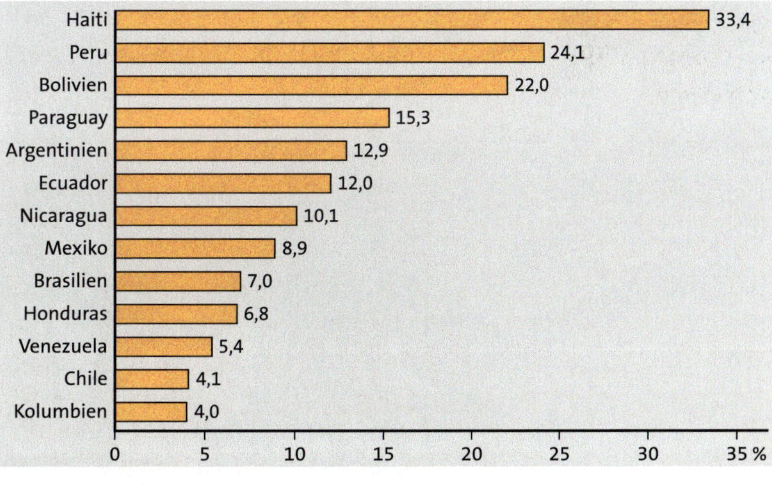

7 Arbeiten Sie aus der Materialien 14–20 die Grundaussagen heraus.

8 Charakterisieren Sie die Situation von Frauen und Jugendlichen in Lateinamerika.

9 Erläutern Sie am Beispiel Lateinamerikas die Ausdrücke „gespaltene Gesellschaft" und „gespaltener Kontinent".

10 Erörtern Sie abschließend die Überschrift des Gesamtkapitels „Lateinamerika – ein Kontinent der Gegensätze".

2 Dependencia – koloniales Erbe und Unterentwicklung

„Viele Staaten Südamerikas feiern gegenwärtig den 200. Jahrestag ihrer Unabhängigkeit von Spanien. Während das alte Mutterland Anfang des 19. Jahrhunderts in politischer und wirtschaftlicher Agonie versank, begann in den damaligen Kolonien ein langer, schmerzhafter und blutiger Emanzipationsprozess, an dessen Ende die Gründung unabhängiger Nationen stand. Doch die koloniale Vergangenheit hinterließ tiefe Spuren, die bis in die Gegenwart wirken. Sie prägte das Oben und Unten in der Gesellschaft, ihre Wirtschaftsweise und Kultur. Vor allem indigene Bevölkerungsgruppen, die von der politischen Teilhabe bislang weitgehend ausgeschlossen waren, fordern mehr politische Beteiligungsmöglichkeiten. In der europäischen Öffentlichkeit beherrschen nach wie vor Armut, Korruption und Gewalt die Schlagzeilen zum Subkontinent. Die Region weckt noch immer stereotype Assoziationen von grandioser, unberührter Natur, geheimnisvollen indianischen Mythen, Revolutionsromantik, Buntheit und Vitalität, aber auch Elend und Unterentwicklung. Tatsächlich befindet sich Lateinamerika aber mitten im Umbruch. Der Subkontinent hat einen beachtlichen, mühsamen Weg der politischen Transformation zurückgelegt. Seit den 1980er-Jahren gelang in Lateinamerika auf breiter Front die Ablösung der bis dahin vorherrschenden Militärdiktaturen durch Demokratien. Doch soziale Spannungen und Ungerechtigkeit bleiben große Herausforderungen für die demokratische Entwicklung."

Thomas Krüger: Lateinamerika, ein Kontinent im Umbruch. In: Bundeszentrale für politische Bildung (Hrsg.): Lateinamerika verstehen lernen. Bonn 2011, S. 6 (Vorwort)

1 Landung der spanischen Konquistadoren an der lateinamerikanischen Küste

Kompetenzen erwerben:
- die Überfremdung der indigenen Bevölkerung Lateinamerikas durch den Kolonialismus beschreiben,
- die Modernisierungs- und die Dependenztheorie vergleichen,
- die Auswirkungen des Kolonialismus und Neokolonialismus auf die Wirtschaft der Länder Lateinamerikas erörtern.

Zerschlagung der vorkolumbischen Hochkulturen

2 Vorkolumbische Kulturen

„Amerika vor der Eroberung durch die Spanier zeichnete sich durch eine außerordentliche Vielfalt an Kulturen und Sprachgruppen aus. Diese Vielfalt äußerte sich nicht nur in einer großen Zahl unterschiedlicher, meist auch räumlich voneinander getrennter Zivilisationen – man hat etwa 125 Sprachfamilien gezählt –, sondern auch in deren Entwicklungsstand. Neben Naturvölkern, die auf der Stufe der Sammler, Jäger und Fischer stehengeblieben waren, gab es Hochkulturen mit großen Städten, einer zentralisierten Verwaltung, einer leistungsfähigen, teils auf künstlicher Bewässerung beruhenden Landwirtschaft und einem weitgespannten Handelsnetz ... Die Spanier [trafen] in den Städten Mittelamerikas und des Andenraumes auf glanzvolle Adelspaläste und mächtige Tempelbauten sowie auf ein hochentwickeltes handwerkliches Können ... Ein durchgehendes Merkmal der altamerikanischen Kulturen war ihr kriegerischer Charakter. Sie bekämpften einander fast ununterbrochen; soweit die Kriegsgefangenen nicht versklavt wurden, brachte man sie den Göttern zum Opfer dar. Entsprechend nahm die Kriegerkaste neben den Priestern in diesen Gesellschaften eine herausgehobene soziale Stellung ein."

Peter Waldmann: Eroberung durch die Spanier. In: Bundeszentrale für politische Bildung (Hrsg.): Lateinamerika. Informationen zur politischen Bildung Nr. 226. Bonn 1990, S. 1

Viele Erscheinungen der gegenwärtigen gesellschaftlichen, wirtschaftlichen, kulturellen und politischen Grundstrukturen Lateinamerikas haben ihre Wurzeln in der vorkolonialen und kolonialen Vergangenheit.
Von den Hochkulturen, die zur Zeit der Eroberung durch die Spanier in Blüte standen, sind vor allem die Azteken und Maya in Zentralamerika sowie die Inka im Andenraum zu nennen. Es waren Gesellschaften mit einer straffen Rangordnung. An der Spitze stand ein als Gott verehrter Herrscher, der seine Macht mit

3 Ruinen der Inkastadt Machu Picchu am Ostrand der Anden

militärischem Zwang und mithilfe einer herausgehobenen Kaste von Adeligen, Priestern und Verwaltungsbeamten ausübte. Das einfache Volk war sozial umfassend abgesichert. Diese Sicherheit wurde allerdings mit einer rigoros kontrollierten Abhängigkeit erkauft.

Eroberung und Kolonialisierung

Die Entdeckung und Inbesitznahme Lateinamerikas (Conquista) begann mit der Landung der kleinen Flotte von Kolumbus im Jahre 1492 auf einer der Bahama-Inseln. Sie erfolgte in einem atemberaubenden Tempo, nachdem Spanien und Portugal sich im Vertrag von Tordesillas (1494) über die Aufteilung des Kontinents geeinigt hatten (vgl. Karte 4, S. 16). Die indigene Bevölkerung wurde versklavt, ermordet oder sie starb an eingeschleppten Krankheiten. Nach Schätzungen fielen in den ersten 100 Jahren nach der Eroberung 90 % der indigenen Bevölkerung der Conquista zum Opfer.
Die Conquistadores teilten das Land unter sich in riesige Besitzungen auf und zwangen die Einheimischen zur Fronarbeit und zu Tributzahlungen. Gleichzeitig zerstörten sie das straff organisierte Gesellschaftssystem und die damit verbundene Sozialordnung.

2.1 Lateinamerika – Geschichte der Abhängigkeiten

4 Indigene Bevölkerung und Kolonisation

Koloniale Ausbeutung und Unterdrückung

Das wirtschaftliche Interesse der Eroberer galt in erster Linie den Edelmetallen des neu entdeckten Kontinents: Gold und Silber; später auch landwirtschaftlichen Produkten wie Zucker, Tabak, Kakao und Baumwolle. Dazu wurde ein ausgeklügeltes System eingeführt, mit dem die spanischen Einwanderer das Recht auf die Zuteilung von Arbeitskräften und Einkünften erhielten: das Encomienda-System.

5 Das Encomienda-System

„Encomienda, anfangs auch Repartimento genannt, bedeutete die Zuteilung indianischer Arbeitskräfte und sonstiger Leistungen an begünstigte Kolonisten, die sich dafür um das physische und besonders auch geistliche Wohl der Indios kümmern sollten. Die solcherart bevorzugten Spanier versuchten die Encomienda in ein erbliches, an keinerlei Gegenverpflichtungen gebundenes Privileg zu verwandeln. Um die damit drohende einseitige Ausbeutung der Indios zu verhindern, aber auch um die Entstehung unkontrollierbarer Machtzellen auf ihrem Territorium zuvorzukommen, verboten die spanischen Könige die Encomienda schon früh. Sie waren indes nicht imstande, dieses Verbot auch überall durchzusetzen. Deshalb ging ihr Bestreben dahin, die Ausübung der Encomienda-Rechte zunehmend zu regulieren und einzuschränken, mit dem Ergebnis, dass anstelle der anfänglich eingeforderten Arbeitsleistungen schließlich nur noch regelmäßige Tributzahlungen – in Naturalien oder Edelmetallen – von den Indios verlangt werden konnten. (Die alte Form der Encomienda blieb allerdings in vielen Gegenden bis weit ins 17. Jahrhundert erhalten)."

Peter Waldmann: a. a. O., S. 4–5

Im Zuge der Kolonisierung entstanden große landwirtschaftliche Güter, Haziendas oder Estanzias genannt, welche die Städte mit Getreide und Fleisch belieferten. Neben diesen sogenannten Latifundien – ihr Hauptverbreitungsgebiet lag im Inneren Kolumbiens und Venezuelas sowie auf den Hochebenen Mexikos und des Andenraums – entstanden in Brasilien und auf den Antillen **Plantagen**, die in Monokultur Güter wie Zucker und Tabak für den Export produzierten. Sie alle stützten sich auf Sklavenarbeit bzw. den Einsatz abhängiger Arbeitskräfte.

6 Potosí – das Tor zur Hölle

„Bei keinem anderen Ort der Welt kommen das Elend, die Funktionsweise und das Ergebnis des Kolonialismus so deutlich zum Ausdruck wie in der Geschichte von Potosí. Der ‚cerro rico' (reicher Berg), der sich mächtig und ebenmäßig hinter dieser Stadt auf 4700 Meter erhebt, ist gewissermaßen ein gigantisches Mahnmal für rund 300 Jahre Ausbeutung: eine Pyramide, die nicht errichtet sondern ausgehöhlt wurde, an der aber weitaus mehr Menschen arbeiteten und zugrunde gingen als an den ägyptischen.
Über 500 Schächte wurden in den Berg getrieben. Der Blutzoll der Indios, die im spanischen Kolonialreich am ‚System Potosí' starben, geht in die Hunderttausende. Schon 1550 bezeichnete ein Dominikanermönch Potosí als ‚die Eingangspforte zur Hölle'. Doch diese Hölle war gepflastert mit hunderttausend Tonnen Silber – mehr als es in ganz Europa je gab. Und so wurde die ‚villa imperial' (Kaiserstadt) zur ‚Stadt, die der Welt am meisten gegeben hat und am wenigsten besitzt'.
In welchem Maße die Unmengen an Silber aus dem Berg ... den ersten ausschlaggebenden Schub für den Kapitalismus bewirkte, ist umstritten. Klar ist, dass die europäische Wirtschaft entscheidend von Potosí profitierte, während die lokale ausblutete ... Der Reichtum an Rohstoffen hat in Lateinamerika – und in Bolivien besonders – immer nur Armut hervorgebracht. Mit Potosí fing alles an."

Thomas Pampuch/Agustin Echalar: Bolivien. Beck'sche Reihe Länder. München 1987, S. 33–34

7 Potosí – Minenarbeiter am Cerro Rico

1 Beschreiben Sie anhand der Karte 4 die indigene Vielfalt und den Ablauf der Kolonisation Lateinamerikas durch die Europäer.

2 Erläutern Sie den Titel dieses Teilkapitels „Lateinamerika – Geschichte der Abhängigkeiten".

8 Francisco Pizarro (1476–1541)
Eroberer des Inkareiches in Peru

9 Simón Bolivar (1783–1830)
Führer der südamerikanischen Unabhängigkeitsbewegung

10 Evo Morales (*1959)
erstes indigenes Staatsoberhaupt in Lateinamerika (Bolivien)

2.2 Entwicklung der Unterentwicklung

Die Unabhängigkeitskämpfe in Lateinamerika zu Beginn des 19. Jahrhunderts (Simón Bolivar, José de San Martin), die sich vor allem gegen die wirtschaftliche Bevormundung durch Spanien richteten, brachten für die lateinamerikanischen Länder zwar die politische Loslösung von den Mutterländern, schufen aber keine tief greifenden Reformen oder gar einen wirtschaftlichen Aufschwung. Die Unabhängigkeitsbewegung war das Werk der kleinen kreolischen Oberschicht (Kreolen = in Lateinamerika geborene Europäer), die auch weiterhin die herrschende Klasse bildete. Im eigenen Interesse ließen sie die sozialen Strukturen, die ihnen Privilegien und Machtausübung garantierten, unberührt.

Außensteuerung der Wirtschaft

Dass außenpolitische Unabhängigkeit nicht gleichzeitig auch wirtschaftliche Unabhängigkeit bedingt, mussten die lateinamerikanischen Länder schon bald erfahren. Der Export von Rohstoffen nach Europa und Nordamerika (Zuckerrohr, Baumwolle, Mineralien u.a.m.) nahm zwar zu bzw. bildete die Basis für einen ersten Industrialisierungsprozess in einigen Ländern. Die erhoffte wirtschaftliche Unabhängigkeit, z.B. die Beseitigung der Kolonialmonopole, ging jedoch nicht in Erfüllung. Es war vor allem ausländisches Kapital, besonders aus den USA und aus Europa, das die wirtschaftliche Entwicklung vorantrieb. Die Früchte dieser Kapitalinvestitionen kamen jedoch weniger den lateinamerikanischen Ländern zugute als den ausländischen Unternehmen, die z.T. wirtschaftlichen und politischen Einfluss gewannen (**„Dollarimperialismus“**). Da die Gewinne meist nicht in den Ländern reinvestiert wurden und die ausländischen Firmen mit ihren kapitalintensiven Technologien nur eine begrenzte Zahl von Arbeitsplätzen schufen, war der wirtschaftliche Effekt langfristig gering. Nur einige wenige ohnehin begünstigte Regionen und eine verschwindend kleine Bevölkerungsgruppe profitierten von den Auslandsinvestitionen.

Aber auch heimische Unternehmen, seien es private oder staatliche, wurden im Zuge der weltweiten wirtschaftlichen Arbeitsteilung vom Ausland abhängig. Aufgrund der fortgeschrittenen wirtschaftlichen Überlegenheit der Industrienationen waren die meisten lateinamerikanischen Länder gezwungen, sich auf einige wenige Produkte zu konzentrieren, die sie angesichts ihrer Kostenvorteile günstig auf den Weltmärkten absetzen konnten. So bildeten sich Monokulturen heraus, d.h. die für eine moderne Volkswirtschaft typische branchenmäßige Diversifizierung unterblieb. Dies hatte wiederum zur Folge, dass die Länder die meisten Gebrauchs- und Investitionsgüter, z.T. sogar Lebensmittel, importieren mussten.

11 Auf die Exportwirtschaft ausgerichtetes Verkehrsnetz

„Als weiterer Nachteil ist die Verzerrung der gesamten Verkehrsinfrastruktur durch ihre einseitige Ausrichtung auf die Exportwirtschaft hervorzuheben. Relativ wohlhabende Landstriche stagnierten jäh, da sie nicht an das Eisenbahnnetz angeschlossen wurden. Während das wirtschaftliche und politische Gewicht der Küstenstädte, die als Umschlagplatz für die Warenströme von und nach Übersee dienten, überproportional zunahm, gab es oft selbst zwischen benachbarten Städten und Gebieten im Landesinnern keine direkte Verkehrsverbindung, ein Umstand, der sich zum Teil bis heute nicht wesentlich verändert hat.“

Peter Waldmann: a.a.O., S.11

Mehrfacher Dualismus

Die Folge dieser Außensteuerung und Abhängigkeit war eine Überfremdung der Länder und eine interne Spaltung im wirtschaftlichen, sozialen und kulturellen Bereich. Diese Spaltung tritt in verschiedenen Erscheinungsformen auf:

- im Nebeneinander einer traditionellen agrarischen **Subsistenzwirtschaft** und einer kapitalintensiven, meist exportorientierten

12 Exkurs: Theorien der Unterentwicklung

Die Frage, warum die meisten lateinamerikanischen Länder hinter den allgemeinen Entwicklungsstandards zurückliegen, wird seit Mitte des 20. Jahrhunderts heftig diskutiert. Dabei hatten sich – stark vereinfacht – zwei gegensätzliche Grundpositionen herausgebildet: die **Modernisierungstheorie** und die **Dependenztheorie**.

Modernisierungstheorie. Vertreter dieser Position, das waren vor allem westlich-liberal und marktwirtschaftlich orientierte Theoretiker, sahen die Ursachen der Unterentwicklung vor allem in den Entwicklungsländern selbst (endogene Verursachung), insbesondere in den traditionsverhafteten statischen Wirtschafts- und Gesellschaftsformen. Die „Rückständigkeit" sollte dabei einer Entwicklungsphase entsprechen, die auch die Industrieländer in der Vergangenheit, etwa am Anfang der Industriellen Revolution, durchlaufen hatten. Modernisierung bedeutete entsprechend, dass ein Wandel vor allem durch wirtschaftliche Maßnahmen, z.B. Kapitaleinsatz in großem Stil, in Gang gesetzt werden könnte.

Dependenztheorie. Marxistisch und gesellschaftskritisch orientierte Theoretiker sahen die Ursachen der Unterentwicklung nicht nur als ungenügende, sondern als von außen fehlgeleitete Entwicklung (exogene Verursachung). Mit anderen Worten: Die Unterentwicklung sei ein Ergebnis der historisch gewachsenen Abhängigkeit der Entwicklungsländer von den Staaten Europas und Nordamerikas durch den **Kolonialismus** bzw. **Neokolonialismus**. Die Industrieländer hätten den Kolonien eine einseitige Arbeitsteilung aufgezwungen und sie auf die Funktion von Rohstofflieferanten zurückgedrängt. Was an Infrastruktur von den Kolonialmächten entwickelt wurde (Verkehrsnetz, Bildungssystem), sei vornehmlich den Kolonialmächten und einer kleinen Schicht Einheimischer zugute gekommen. Eine Lösung sahen die Vertreter dieser Theorie in der Befreiung von den ausbeuterischen Strukturen und einer Abkoppelung vom Weltmarkt, z.B. durch den Aufbau einer Industrie, die Importe durch einheimische Produktion ersetzt (Importsubstitution).

Seite 66 ff.
weltwirtschaftliche Verflechtungen und Globalisierung (Kap. 7)

Landwirtschaft (wirtschaftlicher und technologischer Dualismus),
- in erheblichen Einkommensunterschieden, in Gegensätzen zwischen Stadt- und Landbevölkerung sowie zwischen Weißen (Kreolen) und sozial aufgestiegenen Mestizen einerseits und der Randgruppe der Indigenen andererseits (sozialer Dualismus),
- in den räumlichen Disparitäten zwischen Landesteilen unterschiedlichen Entwicklungsstandes und unterschiedlicher Infrastrukturausstattung mit nur geringem Wirtschaftsaustausch (regionaler Dualismus).

Entwicklung im 20. und 21. Jahrhundert

Seit Mitte des 20. Jahrhunderts ist in einigen wenigen Staaten ein schnelles Wachstum des industriellen Sektors zu beobachten. Die wirtschaftlichen Wachstumsphasen wurden aber immer wieder unterbrochen von Krisen, Staatsstreichen, Diktaturen und Revolutionen. In nahezu allen Ländern wurde die auf den Binnenmarkt ausgerichtete Strategie der Importsubstitution zugunsten einer stärkeren Einbindung in die internationale Arbeitsteilung aufgegeben. Hinzu kommen Bemühungen um eine regionale und subregionale Integration. So entspricht auch die Vorstellung, Lateinamerika sei ein „Hinterhof" der USA, nicht mehr der Realität. Vor allem die südamerikanischen Staaten betreiben eine eigene Wirtschafts- und Außenpolitik, z.T. auch „gegen" die USA, wie z.B. Venezuela und Bolivien.

Importsubstitution
Industrialisierungsstrategie, die die Einfuhr verarbeiteter Erzeugnisse durch eigene Produktion zu ersetzen versucht; auf diesem Wege soll die heimische Industrie vor ausländischer Konkurrenz geschützt werden.

3 Erläutern Sie folgende Begriffe: Kolonialismus, Neokolonialismus, Imperialismus, Dollarimperialismus (Lexikon, Internet).
4 Vergleichen Sie Modernisierungs- und Dependenztheorie (Text 12).
5 Überprüfen Sie die Gültigkeit dieser Theorien am Beispiel der wirtschaftlichen Entwicklung Lateinamerikas.

3 Zentrale und periphere Räume

Unsere Welt ist eine fragmentierte Welt, eine Welt, getrennt in Arm und Reich. Wir haben uns daran gewöhnt, die Staaten der Erde in Entwicklungsländer und Industrieländer einzuteilen. Diese grobe Einteilung trifft aber schon lange nicht mehr die Realität. Es gibt sie zwar immer noch, die Länder der sogenannten „Dritten Welt" – gekennzeichnet durch Armut, Hunger, Krankheit, Arbeitslosigkeit und Elend einerseits sowie teilweise unvorstellbaren Reichtum andererseits. Aber auch bei uns, den reichen Ländern der „Ersten Welt", vergrößern sich die sozialen Unterschiede zusehends. Dennoch: Nirgendwo sonst prallen die Gegensätze so unmittelbar und vehement aufeinander wie in den Entwicklungsländern. In der Regel kann man hier beobachten, dass strukturstarke Räume mit einer ausgeprägten wirtschaftlichen Dynamik solchen mit strukturellen Schwächen und Schrumpfungsprozessen gegenüberstehen. Wirtschaftlich bevorzugt sind vor allem die Hauptstadtregionen und die großen Städte, in denen sich neben den ökonomischen Aktivitäten auch die politischen und kulturellen bündeln. So findet in diesen Ländern zumeist nur eine punktuelle Entwicklung statt, oft auf Kosten des agrarisch geprägten „Hinterlands", das zunehmend zurückfällt. Der Prozess geht einher mit langfristigen Änderungen der allgemeinen Lebensbedingungen, der räumlichen Arbeits- und Einkommensverteilung sowie der Siedlungs- und Infrastruktur. Treffend lassen sich diese regionalen Gegensätze mit dem Begriffspaar „Zentrum – Peripherie" umschreiben.

1 Traditionelle Landwirtschaft im peripheren Raum: Feldbestellung mit dem Grabstock im Hochland von Peru

Kompetenzen erwerben:
- regionale Disparitäten als Erscheinung und Problem am Beispiel Brasiliens darstellen,
- Ursachen regionaler Ungleichgewichte erklären,
- Zusammenhänge zwischen der Verkehrsentwicklung und regionalen Disparitäten erläutern,
- das industrielle Standortmuster in Mexiko analysieren,
- Maßnahmen zum Abbau regionaler Ungleichgewichte beschreiben und bewerten.

3.1 Regionale Disparitäten und Entwicklung

Die regionalen Gegensätze, die vielfach bereits in der Kolonialzeit angelegt wurden, erfahren in jüngerer Zeit eine Steigerung im negativen Sinne:
- Infolge des rapiden Bevölkerungswachstums, der durch Landknappheit bedingten unzureichenden Ernährungsgrundlage und des begrenzten Arbeitsplatzangebots in den ländlichen Gebieten setzt eine Landflucht ein, die sich in erster Linie in die Großstädte und Metropolen ergießt.
- Die Städte wachsen, gemessen nicht nur an der Bevölkerungszahl, sondern auch in ihrer wirtschaftlichen, politischen und kulturellen Bedeutung (funktionale primacy) – mit der Folge, dass sich die innerstaatlichen Disparitäten noch verstärken.
- In der Regel können die Städte die Erwartungen der Zuwanderer jedoch nur bedingt erfüllen. Viele von ihnen werden an den Rand gedrängt – im doppelten Sinne: räumlich in die randstädtischen Elendssiedlungen, sozial an den Rand bzw. außerhalb der Gesellschaft (Marginalisierung).
- Durch ihr explosionsartiges Wachstum werden die Ballungsräume zunehmend unkontrollierbar, was zu einer Existenzbedrohung des jeweiligen Staates führen kann.
- Mit der zunehmenden **Globalisierung** haben vor allem die Wirtschaftszentren in jüngster Zeit stark an Bedeutung gewonnen – mit der Folge einer weiteren Verstärkung der **regionalen Disparitäten**.

Die Aussagen über die regionalen Disparitäten und die ungleichen Entwicklungsabläufe müssen allerdings in einem wesentlichen Punkt differenziert werden. Unter den zurückgebliebenen **Peripherräumen** selbst bestehen wiederum ausgeprägte Entwicklungsunterschiede. Es wäre falsch, sämtliche Landesteile außerhalb der Zentren zu einem Regionaltyp „Peripherie“ zusammenzufassen.

Worin zeigen sich konkret die regionalen Disparitäten? Wie lassen sie sich messen? Wie sind sie zu erklären? Wie lassen sie sich abbauen?

Zentrum-Peripherie-Modell

Das historisch bedingte Abhängigkeitsverhältnis der Entwicklungsländer von den Industrieländern sowie die Herausbildung regionaler Entwicklungsunterschiede innerhalb der Entwicklungsländer lassen sich durch das Zentrum-Peripherie-Modell veranschaulichen. Infolge der von außen gesteuerten Entwicklung gerieten viele Entwicklungsländer (die Peripherie-Nationen) in eine politische und wirtschaftliche Abhängigkeit von den Industrieländern (den Zentral-Nationen).

Seite 19
von außen gesteuerte Entwicklung (Dependenztheorie)

Diese Abhängigkeit äußert sich aber nicht nur im globalen Maßstab, sondern findet ihre Entsprechung innerhalb der Entwicklungsländer selbst. Hier bilden sich Zentren, meist die großen Städte an der Küste, in denen alle wirtschaftlich und gesellschaftlich wichtigen Entscheidungen fallen. Demgegenüber steht das vorwiegend agrarisch geprägte Hinterland (die Peripherie), das wenig produktiv ist, billige Arbeitskräfte und/oder Rohstoffe liefert und im Austausch Konsumgüter bezieht. Folge: Die peripheren Regionen werden von den Zentren abhängig. Die in der Kolonialzeit vorgeprägten Entwicklungsunterschiede zwischen Küstenstädten und Hinterland, zwischen wirtschaftlichen Aktivräumen und peripheren Passivräumen vergrößern und verfestigen sich.

2 Zentrum-Peripherie-Beziehungen

Nach Theo Rauch: Industrielle Wachstumszentren in Nigeria. In: Afrika Spectrum. Deutsche Zeitung für moderne Afrikaforschung. H. 3, 1979

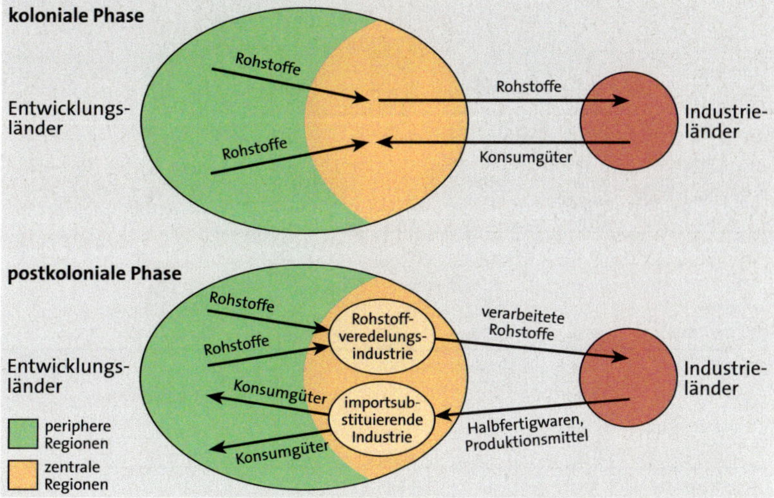

3 Brasilien – wirtschaftsräumliche Disparitäten

Nach Norbert von der Ruhren: Innerstaatliche Disparitäten. In: Norbert von der Ruhren (Hrsg.): Regionale Disparitäten. Unterrichtspraxis SII Geographie, Bd. 11. Halbergmoos: Aulis 2011, S. 59

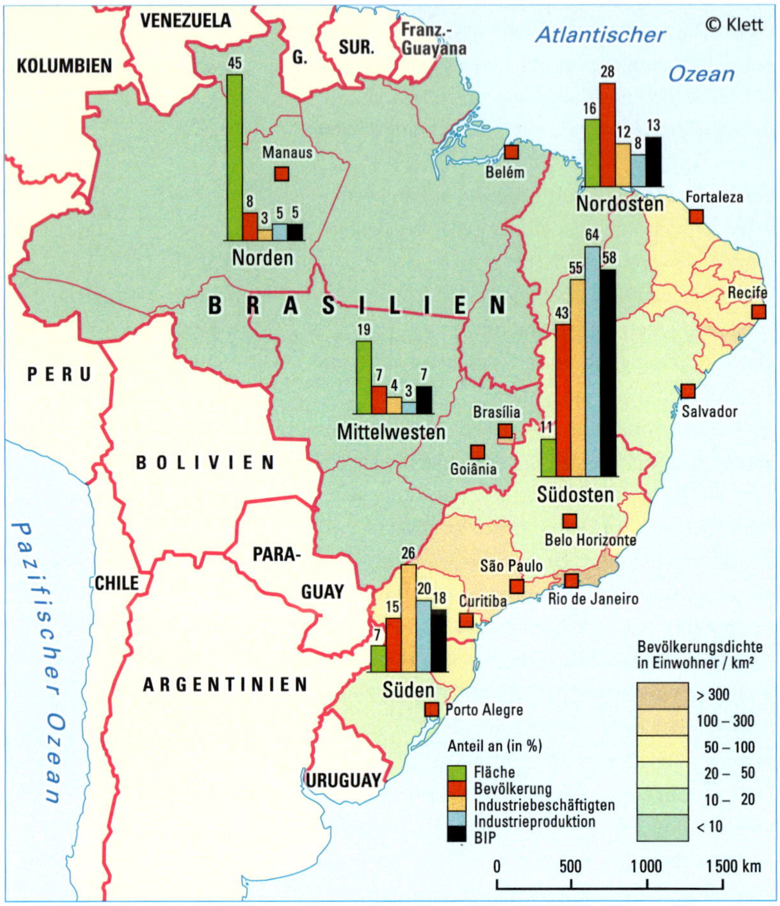

4 Die BRIC-Staaten 2009

Daten nach UN, WTO, Weltbank

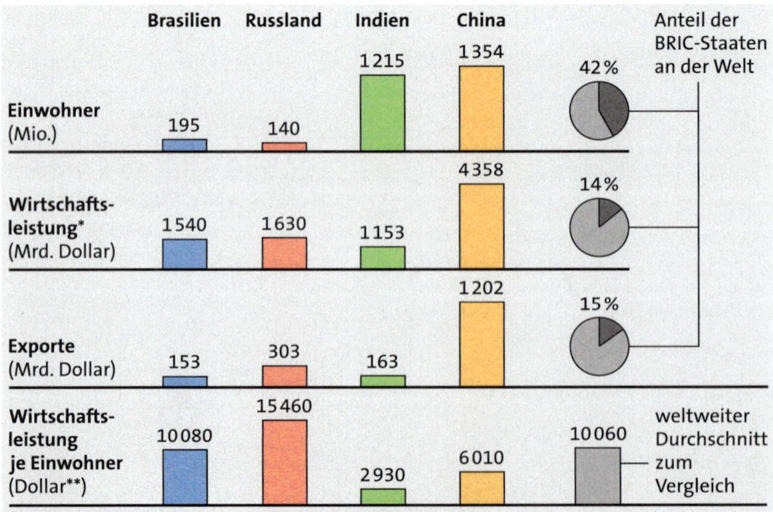

*Bruttonationalprodukt 2008 **kaufkraftbereinigt

Beispiel Brasilien

Brasilien, größtes Land Lateinamerikas, gilt – gemessen an seinem Bruttoinlandsprodukt (2010: 1720 Mrd. US-$) – als die achtgrößte Wirtschaftsmacht der Erde. Das BIP wird gegenwärtig zu 65 % im Dienstleistungssektor, zu 29 % in der Industrie und nur zu 6 % in der Landwirtschaft erbracht. Diese Zahlen belegen, dass Brasilien längst den Status eines Agrarlandes hinter sich gelassen hat. Es gehört zu den vier sogenannten BRIC-Staaten, den gegenwärtig am schnellsten wachsenden Schwellenländern der Erde (vgl. Grafik 4). Kenner erwarten, dass Brasilien bis zum Jahre 2015 die fünftgrößte Volkswirtschaft der Erde sein wird.

Gleichzeitig weist das Land extreme regionale Disparitäten auf. Diese Disparitäten wurden zu einem großen Teil bereits in der Kolonialzeit angelegt. Als Kolonie befand sich Brasilien in weitgehender Abhängigkeit von Portugal. In den Anfängen exportierte es Brasilholz und Zucker, später auch Gold, Diamanten, Kaffee und Kautschuk. Die entscheidenden Impulse kamen immer von außen, entsprechend den Bedürfnissen der jeweiligen Zentren (bis zum Ende des 18. Jahrhunderts Portugal, später England und nach dem Ersten Weltkrieg die USA). Dadurch bildeten sich einzelne Wachstumspole, in denen sich die wirtschaftlichen Aktivitäten konzentrierten. Diese Wachstumspole – meist die Küstenstädte – standen in nur lockerer Verbindung mit dem Hinterland, das Rohstoffe und Arbeitskräfte lieferte. Impulse in die Gegenrichtung blieben die Ausnahme.

Eine umfassende Industrialisierung setzte erst nach 1930 ein, als Brasilien infolge eines Rückgangs seiner Kaffeeexporte stark verschuldet war und sich gezwungen sah, eine importsubstituierende Konsumgüterindustrie aufzubauen. Im Gegensatz zur außengeleiteten Entwicklung vor 1930 kann diese Entwicklung als innengeleitet bezeichnet werden.

An dem überkommenen Standortmuster, d. h. der wirtschaftlichen Konzentration auf ausgewählte Küstengebiete, änderte sich damit jedoch nur wenig. Dies gelang auch nicht mit der Verlegung der Hauptstadtfunktion von Rio de Janeiro nach Brasília im Binnenland im Jahre 1960.

Regionale Disparitäten und Verkehrsentwicklung

Bei der Überwindung regionaler Ungleichgewichte kommt dem Ausbau des Verkehrsnetzes eine besondere Bedeutung zu. Die Aufgabe des Verkehrs besteht nicht nur im Transport von Personen und Gütern, sondern auch im Austausch von Dienstleistungen, in der Förderung wirtschaftlicher Interaktionen, in der Verbreitung von Innovationen oder in der Ermöglichung sozialer Kontakte. Durch dieses vielfältige Angebot können die Regionen eines Landes und ihre Wirtschaftssektoren zu einer Einheit zusammengeführt werden. Gleichzeitig werden dadurch eine effiziente Arbeitsteilung und regionale Spezialisierungen ermöglicht, die wiederum einen Austausch fördern. Insofern kommt dem Verkehr sowohl eine verbindende als auch eine erschließende Funktion zu – wie umgekehrt eine schlecht bzw. unzureichend ausgebaute Verkehrsinfrastruktur Ausdruck und Ursache regionaler Disparitäten sein kann.

Die Abbildung 6 stellt ein idealtypisches Modell der Verkehrsentwicklung in Entwicklungsländern dar. Es wurde am Beipiel des westafrikanischen Staates Ghana entwickelt, lässt sich aber auf viele Staaten Lateinamerikas übertragen. Die dargestellten Phasen der Verkehrserschließung haben einen entscheidenden Einfluss auf die Herausbildung und das Wachstum von Städten, d.h. auf die Kristallisationskerne für die Erschließung peripherer Räume. Das Modell ist insofern „idealtypisch", als es sich in den meisten Entwicklungs- und Schwellenländern erkennen lässt – mit einer entscheidenden Einschränkung: Viele Länder sind nicht über die Phase D hinausgekommen.

1 Arbeiten Sie die in der Abbildung 2 (S. 21) dargestellten Zentrum-Peripherie-Beziehungen heraus.

2 Erläutern Sie am Beispiel Brasiliens (Karte 3) Erscheinungsformen regionaler Disparitäten.

3 Überprüfen sie das Modell 6 anhand der Karte 5.

5 Brasilien – Straßen- und Eisenbahnnetz

6 Idealtypische Sequenz der Verkehrsentwicklung

Nach E.J. Taafe/R.L. Morill/P.R. Gould: Verkehrsaufbau in unterentwickelten Ländern – eine vergleichende Studie. In: Dietrich Bartels (Hrsg.): Wirtschafts- und Sozialgeographie. Köln: Kiepenheuer&Witsch 1970, S. 342

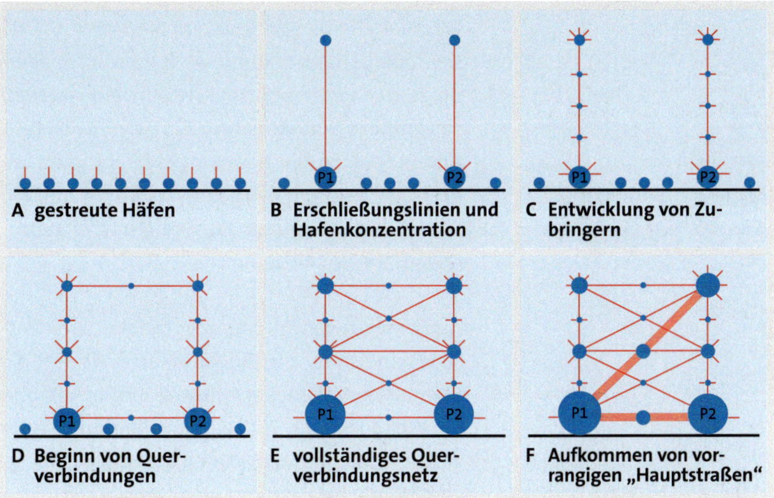

7 **Mexiko – Maquiladora-Industrie an der Grenze zu den USA**

Agglomerationsvorteile
Kostenvorteile für ein Unternehmen, die sich aus der Konzentration von Bevölkerung, Wirtschaft und Infrastruktur in einem Raum ergeben. Diese Vorteile entstehen z. B. durch den gemeinsamen Bezug und Absatz, gemeinsame Werbung, durch Kontakte oder durch ein spezialisiertes regionales Kräfteangebot.

- - ➔
Seite 73
Maquiladora-Industrie

Industriestandorte und regionale Disparitäten – Beispiel Mexiko
Es liegt nahe, die Gründe für die Ausbildung wirtschaftsräumlicher Disparitäten in der ungleichen Verteilung von Ressourcen und Infrastruktur zu suchen. Dass diese ursächlichen Zusammenhänge nicht zwingend sein müssen, zeigt das Beispiel Mexiko.
Die Bodenschätze des Landes finden sich überwiegend im nördlichen Hochland und in der Sierra Madre Occidental, d. h. in ursprünglich dünn besiedelten Gebieten. Auf der Suche nach Edelmetallen wurden sie bereits in der Kolonialzeit von den Spaniern erschlossen. Diese Bodenschatzvorkommen haben sich allerdings nur vereinzelt zu Kristallisationskernen für größere Industrieansiedlungen entwickelt. Anders die Erdöl- und Erdgasvorkommen an der südlichen und mittleren Golfküste, die den Rohstoff für mehrere Raffinerien und petrochemische Werke liefern.

Agglomerationswirkung der Städte. Viel entscheidender als die Bodenschätze ist für die Standortverteilung der Industrie die Sogwirkung der großen Städte. Der periphere ländliche Raum ist für Industrieunternehmen zumeist wenig attraktiv, da hier die notwendige Infrastruktur fehlt. Ausländische Investoren bevorzugen in der Regel Standorte in den Verdichtungsräumen, um deren Agglomerationsvorteile zu nutzen. Schließlich hat auch die staatliche Wirtschaftspolitik oft zu einer räumlich ungleichgewichtigen Verteilung der Industriestandorte beigetragen. In Mexiko stand sie lange Zeit fast ausschließlich unter makroökonomischen Vorzeichen: Vorrangiges Ziel war die Produktionssteigerung. Nach regionalen und lokalen Auswirkungen wurde kaum gefragt.
Aufgrund seiner seit den 1940er-Jahren gezielt betriebenen Industriepolitik hat Mexiko heute einen bemerkenswerten Industrialisierungsgrad erreicht. Ein großes Problem besteht allerdings darin, dass die modernen Technologien der dynamischen Wachstumsbranchen fast ausschließlich in ausländischer Hand, vor allem bei transnationalen Unternehmen, liegen. Mexiko bietet im Austausch billige Arbeitskräfte. So starteten Mexiko und die USA 1965 ein Programm zur Ansiedlung von Lohnveredlungsbetrieben **(Maquiladora)** durch US-amerikanische Unternehmen auf mexikanischer Seite der Grenze.

8 **Maquiladora**

„Das System hat sich schnell entwickelt. 1970 gab es bereits 120 Maquiladora-Fabriken mit 20 327 Arbeitsplätzen. Ihre Zahl ist seitdem kontinuierlich gestiegen ... Damit wurde die Lohnveredlung nach dem Erdöl zu einem der wichtigsten Devisenbringer.
Um die Transportwege so kurz wie möglich zu halten und eine direkte Kontrolle aus den USA zu gewährleisten, wurden die meisten Maquiladores in Grenznähe errichtet, obwohl neuerdings eine zunehmende Zahl im Landesinnern gegründet wurde. Die Standortpräferenz hängt auch damit zusammen, dass die US-Grenze seit Jahrzehnten das Ziel mexikanischer Migranten ist, die auf legalem oder illegalem Weg Arbeit im Nachbarland suchen. Viele von ihnen sind in den Grenzstädten hängen geblieben, wo sie ein großes Arbeitspotenzial bieten."

Erdmann Gormsen: Mexiko. Perthes Länderprofile. Gotha: Perthes 1995, S. 189–190

9 **Die bedeutendsten Industriestandorte in Mexiko**

Nach Erdmann Gormsen: a. a. O., S. 192, aktualisiert

10 **Anteil der Hauptausfuhrgüter Mexikos 2010 (Gesamtwert: 230 Mrd. US-$)**

Nach Der Fischer Weltalmanach 2012, S. 335, ergänzt

elektrische Maschinen und Material	27 %
Zugmaschinen und Fahrzeuge	15 %
mineralische Brennstoffe	13 %
mechanische Apparate und Teile	13 %
optische und medizinische Instrumente	4 %
Kunststoffe und -erzeugnisse	2 %
chirurgische Ausrüstung	2 %

4 Beschreiben Sie die räumliche Verteilung der Industrie in Mexiko (Karte 9).

5 Erklären Sie die industrielle Dominanz der Hauptstadtregion.

6 Nennen Sie Vorzüge und Nachteile der Wirtschaftskonzentration auf wenige Räume.

7 Erörtern Sie, ob regionale Disparitäten ein gravierendes Hemmnis besonders für die Entwicklung eines Landes der „Dritten Welt“ sind.

3.2 Maßnahmen zum Abbau regionaler Disparitäten

11 Phasenmodell touristischer Erschließung peripherer Räume

Nach Karl Vorlaufer: Tourismus in Entwicklungsländern. Darmstadt: Wissenschaftliche Buchgesellschaft 1996, S. 198/199

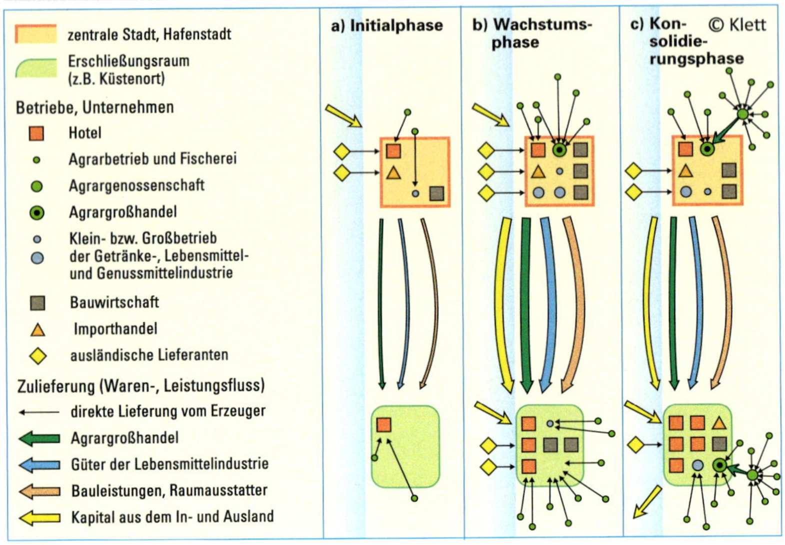

Die beiden Raumbeispiele Brasilien und Mexiko ließen u.a. erkennen, dass beim Abbau regionaler Disparitäten der staatlichen Regionalplanung eine besondere Funktion zukommt.

Diese Einsicht war nicht immer gegeben. Lange Zeit wurde die regionale Planung zugunsten einer sektoralen Planung, d.h. der gezielten Förderung eines einzelnen Wirtschaftssektors vernachlässigt, obwohl man sich des zunehmenden regionalen Ungleichgewichts bewusst war. Doch dieses galt als eine unvermeidbare Begleiterscheinung eines Entwicklungsweges, der – z.T. nach dem Vorbild der westlichen Industrieländer – in der raschen Industrialisierung die ideale Lösung sah. So wurde vorrangig die exportorientierte Industrie gefördert, die sich aus Kostengründen besonders in den Küstenstädten ansiedelte. Zudem schränkte eine liberale Wirtschaftspolitik eine staatliche Einflussnahme auf die Wahl der Industriestandorte des ausländischen Kapitals ein. Letzteres suchte aber verstärkt die bereits bestehenden Standorte.

Erschließung peripherer Räume durch Tourismus

Im Sinne einer räumlich ausgewogenen Entwicklung sollte es das Ziel einer jeden Entwicklungspolitik sein, die Disparitäten abzubauen. Dadurch könnten die mit der Ballung verbundenen Probleme in den **Metropolen** (Armut, Elendsquartiere, Marginalsierung großer Bevölkerungsgruppen), aber auch Umweltbelastungen und Versorgungsengpässe reduziert werden.

Als Instrument zum Abbau regionaler Disparitäten bietet sich der Tourismus geradezu an. Im Gegensatz zur Industrie oder zum Tertiären Sektor tendiert er in die ländlichen Regionen, zur Peripherie, da diese für Touristen in der Regel besonders interessant sind: ökologisch intakte, von der Industrie oder der Verstädterung noch nicht überformte Landschaften, z.B. einsame Strände für den Badeurlaub, Hochgebirge für Trekkingtouren oder „undurchdringliche" Regenwälder für den Abenteuer suchenden Touristen.

Aus entwicklungspolitischer Sicht kann der Tourismus in Peripherräumen so die Rolle eines Wachstumspols übernehmen, von dem vielfältige Impulse auf andere Wirtschaftsbereiche ausgehen können. Auch kann der tourismusbedingte Ausbau der Verkehrsinfrastruktur zur weiteren Erschließung unterentwickelter Regionen beitragen.

Die Rolle des Staates. Die erste Initiative zur touristischen Erschließung geht in aller Regel vom Staat aus. Die Palette seiner Instrumente ist breit. Sie reicht von der Erstellung regionaler Entwicklungspläne für den Fremdenverkehr über Infrastrukturinvestitionen in den Auf- bzw. Ausbau von internationalen Flughäfen, des Straßennetzes sowie der Wasser- und Energieversorgung bzw. der Abfallentsorgung bis zu steuerlichen Anreizen zur Realisierung ganzer Touristenzentren. In jedem Fall sind die finanziellen Vorleistungen, die ein Entwicklungsland für die touristische Erschließung aufbringen muss, zunächst beträchtlich.

Erschließung peripherer Räume durch Agrarkolonisation – Beispiel Rondônia

Ende der 1960er-Jahre begann die brasilianische Regierung mit der Erschließung großer bislang ungenutzter Areale im Amazonastiefland. Ziele des Vorhabens waren neben dem Abbau regionaler Ungleichgewichte die Ausbeutung von Bodenschätzen in den riesigen Regenwaldgebieten und die Schaffung von Landwirtschaftsflächen für verarmte Bewohner aus Nordost-Brasilien, dem „Armenhaus Brasiliens". Zu diesem Vorhaben gehört auch das in der Karte 12 vorgestellte Kolonisationsgebiet in Rondônia. Die **Agrarkolonisation** erfolgte sowohl legal, d. h. durch Landkauf, als auch durch wilde Landnahmen.

Zumeist ging die Initiative vom Staat aus, der den Kolonisten Betriebsflächen von durchschnittlich 100 ha zuwies. Davon umfassten die reinen Anbauflächen jeweils etwa 20 ha. Angebaut werden im System der Landwechselwirtschaft vor allem Grundnahrungsmittel. Hinzu kommen Dauerkulturen wie Kakao und Kaffee. Dass die Siedlungsprojekte in Rondônia – im Gegensatz zu den Kolonisationsmaßnahmen an der Transamazônika – erfolgreich waren, lässt sich u. a. an der Bevölkerungsentwicklung in Rondônia ablesen (Grafik 13). Heute fallen die Zuwächse allerdings bescheidener aus. Dies ist darauf zurückzuführen, dass kaum noch neues Land erschlossen werden kann und alternative Einkommensmöglichkeiten fehlen. Einige Kleinbauern verkaufen inzwischen sogar ihr Land, z. B. an Unternehmen, die Rinderweidewirtschaft in großem Stil betreiben. Die Besitzkonzentration und die Expansion dieser Weidebetriebe stellen heute gravierende sozioökonomische Probleme in Rondônia dar. Als problematisch erweisen sich mehr und mehr auch die eingeschränkte Fruchtbarkeit und die Auslaugung der tropischen Regenwaldböden. Durch angepasste Landnutzungssysteme und eine gezielte Auswahl der Anbauprodukte lassen sich diese Schwierigkeiten aber z. T. überwinden.

12 Agrarkolonisationsgebiet Rondônia (Brasilien)

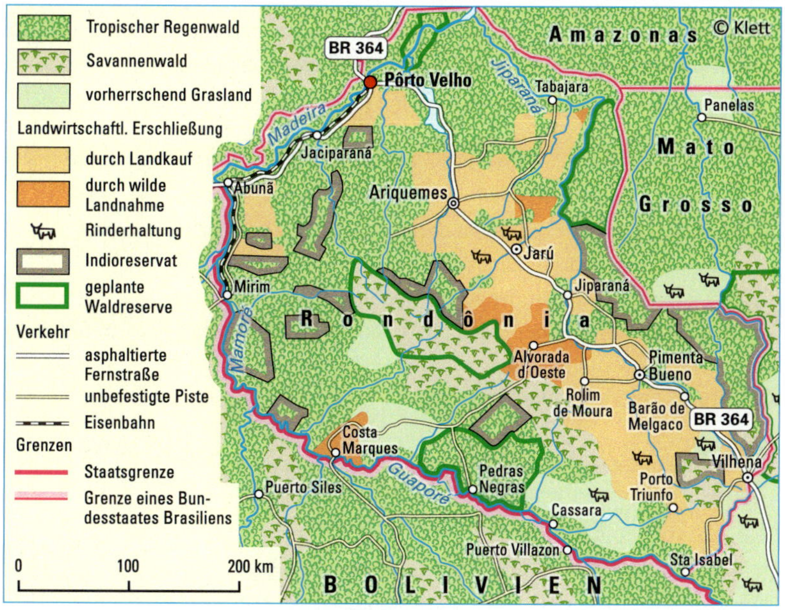

13 Bevölkerungszuwachs Rondônias

Nach Haack Weltatlas. Gotha und Stuttgart: Klett-Perthes Verlag 2007, S. 202.1

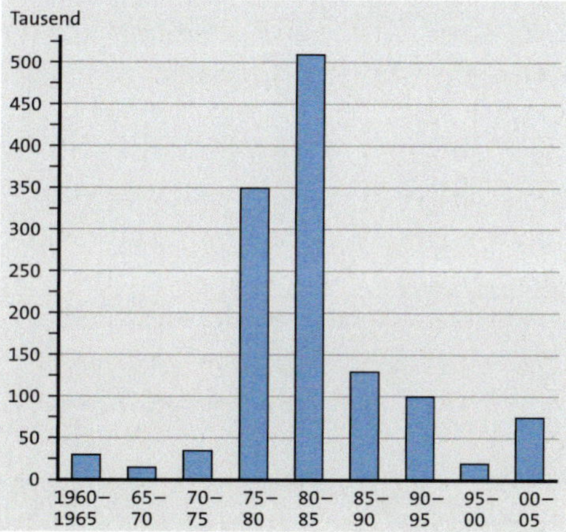

8 Erläutern Sie das Potenzial des Tourismus zum Abbau regionaler Disparitäten in Entwicklungsländern.

9 Charakterisieren Sie die Rolle des Staates bei der touristischen Erschließung peripherer Räume.

10 Stellen Sie das Phasenmodell touristischer Erschließung peripherer Räume dar.

11 Bewerten Sie das Kolonisationsprojekt Rondônia unter dem Blickwinkel „Abbau regionaler Disparitäten".

4

Maßnahmen der Raumerschließung – Rohstoffe als Entwicklungsfaktor?

Große Teile Südamerikas sind, wenn auch nach Ländern sehr unterschiedlich, von einem ausgesprochenen Ressourcenreichtum geprägt. Dabei handelt es sich um unterschiedlichste Bodenschätze, vor allem Erze, den Holzreichtum des tropischen Regenwaldes sowie das Wasser der großen Ströme. Die Nutzung dieser Ressourcen hat zwei Ziele: Zum einen bilden sie eine Grundlage für den Export und damit für die wirtschaftliche Entwicklung der Staaten, zum anderen wird ihre Gewinnung genutzt, um periphere Räume zu erschließen.
Da die Bodenschätze in der Regel oberflächennah vorkommen, sind mit der Gewinnung aller Ressourcen erhebliche Eingriffe in die Naturräume verbunden.

Dies trifft auf die großen Erztagebaue zu, wie man sie im brasilianischen Bundesstaat Parana in der Serra dos Carajás erschlossen hat (siehe Foto 1), aber auch auf die energetischen Projekte, für die z.B. Großstaudämme entstehen und Land überflutet wird. Die folgenden Kapitel zeigen solche Maßnahmen und Projekte an drei verschiedenen Fallbeispielen und versuchen dabei, folgende Fragen zu beantworten:

Unterliegen die Staaten dem „Ressourcen-Fluch"?
Erfüllen die Maßnahmen zur Rohstofferschließung die Erwartungen, die die Staaten in sie setzen?
Wo liegen ihre ökonomischen und ökologischen Probleme?

1 Brasilien: Bauxittagebau im tropischen Regenwald

Kompetenzen erwerben:
- den Begriff „Ressourcen-Fluch" erklären,
- Venezuelas wirtschaftliche Struktur und Entwicklungsstand charakterisieren,
- die Frage nach der Bedeutung des Erdöls für die Zukunft des Landes erörtern,
- die Erschließungsmaßnahmen im Regenwald Amazoniens beschreiben,
- die Bedeutung des Rohstoffabbaus und der Energieerzeugung für Brasilien erläutern,
- die Beispiele Serra dos Carajás und Belo Monte in ihren Intentionen und Konfliktpotenzialen darstellen.

Der „Ressourcen-Fluch“

2 Venezuela – Inflation und Ressourcen-Fluch

„[Inflation ist] das größte Problem im Land. Zwar hat sich der Anstieg des Preisniveaus zwischen 2003 und 2006 von 31,1 Prozent auf 13,6 Prozent verringert. Mit dem Anstieg des Ölpreises und den damit verbundenen Öleinnahmen nahm jedoch die Inflation wieder zu ... Für 2009 gehen Schätzungen sogar von 36,5 Prozent Inflation aus. Da zugleich das reale Wachstum des BIP im vergangenen Jahr [2009] mit geschätzten −2,2 Prozent negativ ausfiel, kämpft Venezuela – wie auch andere Ölexportländer – mit einem Phänomen, dass Wirtschaftswissenschaftler als Stagflation bezeichnen: Die Wirtschaft stagniert, während es zugleich eine hohe Inflationsrate gibt. Der wirtschaftstheoretische Rahmen ist jedoch weitaus komplexer. So gilt es heute als weitgehend unbestritten, dass auf vorrangig Rohstoffe exportierenden Ländern der Resource Curse, der Ressourcen-Fluch, liegt. Trotz ihres enormen Reichtums an natürlichen Rohstoffen, vor allem nicht erneuerbaren Ressourcen ..., weisen diese Länder eine geringere Wachstumsrate auf als Länder mit weniger Rohstoffvorkommen. Als Ursache wird dafür häufig der Verlust an internationaler Wettbewerbsfähigkeit angesehen, der sich durch den Aufwertungsdruck auf die einheimische Währung infolge der Devisenerlöse ergibt ... Andere Gründe für dieses ‚Paradox des Ressourcenreichtums‘ liegen in der ... [Unzuverlässigkeit] der Einnahmen durch Preisschwankungen auf den globalen Märkten, Missmanagement und dem Rent-seeking-Verhalten der politischen Staatsklasse. Ein großes Problem besteht zudem darin, dass sich durch die relativ hohe Produktivität im Ressourcen abbauenden Sektor ... [eine Konzentration auf diesen] ergibt. Die ökonomische Diversifizierung wird erheblich erschwert.“

Sven Schaller: Venezuela zwischen Abwertung, Inflation und Ressourcen-Fluch. Januar 2010. Unter www.quetzal-leipzig.de/lateinamerika/venezuela/venezuela-zwischen-abwertung-inflation-und-ressourcen-fluch-19093.html, Nov. 2011

3 Ausgewählte Länder Lateinamerikas: Wichtigstes Exportgut und sein Anteil am Gesamtexport (2010/ *2009) sowie Wirtschaftswachstum (2010)

Nach Fischer Weltalmanach 2012 und CIA World Factbook 2011

Land	Produkt	% am Export	Wirtschaftswachstum in % zu 2009
Argentinien	Tierfutter	16*	7,5
Bolivien	Erdgas	40	4,2
Brasilien	Eisenerz	14	7,5
Chile	Kupfer und Kupfererze	52*	5,3
Ecuador	Erdöl und Erdölprodukte	56	3,2
Kolumbien	Erdöl	34	4,3
Mexiko	Maschinen	27*	5,5
Peru	Bergbauprodukte	61	8,8
Venezuela	Erdöl	90	−1,9

Rohstofferlöse können das Wachsen einer Volkswirtschaft positiv beeinflussen. Dies geschieht vor allem dann, wenn die Einnahmen aus den Rohstoffexporten in eine Wirtschaftsentwicklung investiert werden, die eine Verbreiterung und Diversifizierung der Ökonomie zum Ziel hat.

Wie die Materialien 2 und 3 zeigen, ergibt sich jedoch immer wieder eine Umkehrung der Situation, und der Ressourcen-Reichtum wird zum Ressourcen-Fluch. Innerhalb der Faktoren, die der Text zum Fallbeispiel Venezuela (siehe auch die folgende Doppelseite) darlegt, spielt das sogenannte „Rent-seeking“ eine besondere Rolle.

Es geht hierbei darum, dass die Hauptakteure der Wirtschaft eines Landes immer stärkeren Einfluss auf die Politik nehmen, besonders durch Korruption. Das Ziel ist, mit den Einnahmen aus den Ressourcen-Exporten lediglich das eigene Vermögen zu vergrößern. So entsteht einerseits eine mangelhafte Staatsführung, die von einer engen Verflechtung zwischen einzelnen Wirtschaftsführern und der politischen Elite geprägt ist. Andererseits gehen auch enorme Geldmittel verloren, die, würden sie sinnvoll investiert, die Wirtschaft des Landes zukunftsweisend entwickeln könnten – nämlich hin zu einer diversifizierten Produktionsstruktur, die wichtig wäre für die Zeit nach der Rohstoffausbeutung.

4.1 Venezuela – Erdöl als Garant für eine glänzende Zukunft?

4 Venezuela – Wirtschaft

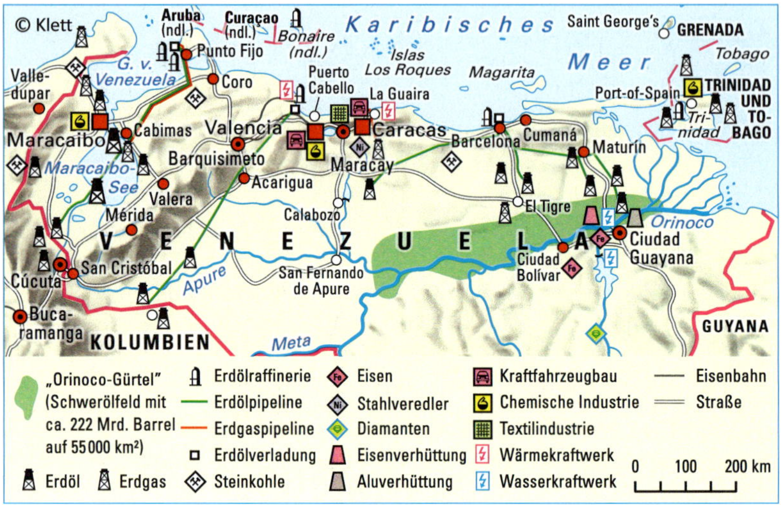

Kein zweiter Staat Südamerikas ist in seiner wirtschaftlichen, gesellschaftlichen und politischen Entwicklung so auf einen Rohstoff angewiesen wie Venezuela, ein Gründungsmitglied des OPEC-Kartells im Jahr 1960, auf Erdöl. Dabei ist Öl in Venezuela keineswegs nur eine wirtschaftliche Erfolgsgeschichte.

5 Strukturdaten Venezuela

Zusammenstellung nach verschiedenen Quellen

		2009	2010
Fläche (km²)			916 445
Bevölkerung (Mio.)		28,4	28,8
Bevölkerungswachstum (%)		1,6	1,5
Lebenserwartung (Jahre)		–	73,9
Alphabetisierungsrate (%)		–	93,0
BIP (Mrd. US-$, PPP)		351,9	345,2
Weltrang		–	35
BIP-Wachstum (%)		−3,3	−1,9
BIP/Kopf (US-$, PPP)		13 100	12 700
Weltrang		–	35
BIP nach Wirtschafts-sektoren (%)	I	4	4
	II	58	36
	III	38	60
Beschäftigte nach Wirtschafts-sektoren (%)	I	10	9
	II	25	23
	III	65	68
Exporte (Mrd. US-$)		93,5	57,6
Anteil Erdöl (%)		> 90	> 90
Erwerbslose (%)		7,9	8,5
Bevölkerung unterhalb der Armutsgrenze von 1,25 PPP-$ pro Tag (%, 2008)			3,5
Inflationsrate (%)		27,1	28,2
Auslandsschulden (Mrd. US-$)		54,5	70,1
HDI-Rang (169 Länder)		58	75

6 Venezuela und sein Öl 2011

„Jüngst veröffentlichte Zahlen der Banco Central de Venezuela (BCV) zur wirtschaftlichen Entwicklung im Jahre 2010 erwecken immer mehr Zweifel hinsichtlich der Förderkapazitäten der nationalen Erdölgesellschaft PDVSA, deren Produktion im letzen Jahr auf den niedrigsten Wert seit sieben Jahren zurückfiel.
Laut Halbjahresbericht der PDVSA betrug die venezolanische Ölfördermenge in den ersten sechs Monaten des Jahres 2010 lediglich 2,45 Mio. Fass/Tag, wovon das Land – laut Expertenmeinung – rd. 600 000 Fass/Tag selbst konsumiert; 300 000 Fass sollen nach China gehen, um die Zinsen und Annuitäten für den USD-20 Mrd. Kredit zu bedienen, der 2009 Venezuela zugesprochen wurde. Weitere 300 000 Fass gehen zu Vorzugsbedingungen nach Kuba und in andere Karibikstaaten. Daraus resultiert, dass lediglich 1,25 Mio. Fass täglich zu Weltmarktpreisen veräußert werden können. Falls die Erdölpreise bzw. die Förderung nicht rasch anziehen, wird die Regierung Chávez ihre ambitionierten Projektvorhaben nur schwer innerhalb der geplanten Zeiträume finanzieren und umsetzen können. Der geplante Ausbau der Verkehrs- und Wohninfrastruktur, die erforderliche Sanierung der Schwerindustrie und des Stromnetzes wird [nämlich] Milliardenbeträge an Devisen erfordern ..."

Franz Bachleitner: Venezuela: Ölförderung fällt unter das Niveau von 2003. 14.01.2011. Unter http://portal.wko.at/wk/format_detail.wk?angid=1&stid=593319&dstid=601, Sept. 2011

Bei den Problemen, die Venezuela mit der Erdölförderung und den lebenswichtigen Ölexporten hat, muss man zwischen exogenen und endogenen Faktoren unterscheiden. Zu ersteren gehören die Schwankungen des Weltmarktpreises. Besonders der Preisverfall seit 1983 verursachte in den Folgejahren eine schwere Wirtschaftskrise. Aber auch die zunehmende Zahl an Förderländern und der dadurch entstehende Konkurrenzdruck ließen die venezolanischen Fördermengen sinken. So war das Land bis 1960 die Nummer zwei in der Liste der größten Erdölförderstaaten der Welt (hinter den USA), während man 2010 mit einem Anteil von 3,2 % nur noch auf Rang 9 lag (führend waren Russland mit 12,9 % und Saudi-Arabien mit 12,0 % Anteil an der Weltproduktion).

Der wichtigste endogene Faktor ist die schon seit Jahrzehnten geringe politische Stabilität. Zwischen 1983 und 1994 geriet das Land unter dem damaligen Präsidenten Pérez in eine schwere Krise, die geprägt war von Korruption und Fehlinvestitionen der Öleinnahmen.

Nach einem Zwischenspiel unter dem Präsidenten Caldera ist seit 1998 der Sozialist Hugo Chávez an der Macht. Seine „bolivarische Verfassung" enthält neben dem Kampf gegen Korruption und der Schaffung einer „direkten Demokratie" vor allem die Forderung nach nationaler und wirtschaftlicher Unabhängigkeit. Ersteres meint die Loslösung von der Leitmacht USA, das zweite die Verstaatlichung von Schlüsselbranchen wie z. B. der Ölförderung.

7 Ölförderung und Ölexporte Venezuelas 1970 – 2010 (Mio. t)

Zusammenstellung nach verschiedenen Quellen

Jahr	Förderung	davon Export
1970	196,5	185,3
1980	116,3	96,1
1990	115,9	92,6
2000	167,3	139,4
2010	126,6	88,5

8 Hemmt die Politik die Entwicklung?

„... Im Orinocobecken befinden sich riesige Mengen an Schweröl und auch vor den Küsten Venezuelas liegen riesige Schätze an Öl und Gas, die es zu heben gilt. Die anhaltende Verstaatlichungswelle, die mittlerweile nicht nur den Erdölservicesektor, sondern alle Bereiche des Wirtschaftslebens erfasst hat, verschreckt jedoch noch westliche Investoren, welche auch die erforderliche Spitzentechnologie mitbringen würden. Mit Joint Venture-Verträgen zwischen der venezolanischen Erdölgesellschaft PDVSA und der italienischen ENI sowie der französischen Total ist zumindest einmal ein Anfang gemacht.

Im Zeitraum 2004 bis 2008 wurden insgesamt jährlich USD 91,56 Mrd. von ausländischen Investoren in Lateinamerika investiert. Im Gegensatz zu Chile ... oder Kolumbien ... erhielt Venezuela lediglich USD 5,84 Mrd., also weniger als die Dominikanische Republik. ...

Investitionen in Anlagen, Bohrtürme und -plattformen, Maschinen und Werkzeuge, aber auch in neue Raffinerien, Öl- und Gaspipelines sowie der Ausbau der Verladestationen in Häfen sind jedoch unerlässlich, um die Produktionskapazität zu steigern. Die Statistiken der Banco Central de Venezuela belegen, dass in der Zeit zwischen 2007 und 2010 auch die venezolanischen Investitionen um 15 % zurück gingen. Mangelnde Investitionen in den Erdöl- und Gassektor behindern jedoch das zukünftige Wirtschaftswachstum und in der Folge schwindet die Chance, auch ausreichend qualifizierte Arbeitsplätze für die heranwachsende Jugend schaffen zu können ..."

Franz Bachleitner: a. a. O.

9 ADI in ausgewählten Ländern Lateinamerikas, 2010 (Mrd. US-$)

The World Bank: World dataBank. Unter http://databank.worldbank.org, Mai 2012

Chile	15,1
Kolumbien	6,9
Dominikanische Rep.	1,6
Venezuela	1,2
Lateinamerika ges.	133

1 Beschreiben Sie anhand der Karte 4 die Industriestruktur Venezuelas.

2 Charakterisieren Sie mithilfe der Strukturdaten Venezuelas den wirtschaftlichen und sozialen Entwicklungsstand des Landes.

3 „Erdöl garantiert dem Land eine glänzende Zukunft". Erörtern Sie diese Aussage.

10 **Amazonien – Eingriffe in den brasilianischen Regenwald**

4.2 Die Erschließung Amazoniens – Basis des brasilianischen Wirtschaftswunders?

Amazonien ist mit mehr als 5 Mio. km² das größte tropische Regenwaldgebiet der Erde. Diese Region hat eine besondere Bedeutung als Lebens- und Kulturraum, und sie beherbergt zahlreiche Rohstoffe und Wirtschaftsgüter. Nicht zuletzt dadurch ist dieses Ökosystem allerdings auch stark durch menschliche Eingriffe gefährdet. Mit Ausnahme der Kautschukplantagen war Amazonien noch bis in die 1960er-Jahre hinein weitgehend unerschlossen und stellte ein intaktes Ökosystem dar. Der Wandel setzte mit der Entdeckung großer Rohstoffvorkommen ein, deren Abbau die ökonomische Entwicklung Brasiliens voranbringen sollte. Auch der hohe Bevölkerungsdruck in den Küstenregionen forcierte die Erschließung Amazoniens.

Material
Infoblatt: Amazonas
104112-0401

11 Tucuruí-Stausee

Brasiliens Wirtschaft ist im Aufschwung, wie die Wachstumsraten des BIP zeigen, die seit Jahren bei 4–5% liegen. Im Weltkrisenjahr 2009 ging das BIP zwar um 0,6% zurück, doch gelang die wirtschaftliche Erholung schnell und 2010 wuchs es um 7,5% – eine der höchsten Wachstumsraten weltweit. Der wirtschaftliche Erfolg des G-20-Staates hat drei Säulen: die Exporte, die eigene Industrie und die Energieversorgung. Gerade bei der Stromerzeugung präsentiert sich das Land gern als „grüner" Staat.

12 Strom für Brasilien

„...Bei der Stromerzeugung stützt sich Brasilien zu 81% auf Wasserkraft, 3% Gas, 4,5% Biomasse, 2,5% Erdöl und 2,6% Atomkraft (2010). Die bestehenden zwei Atomkraftwerke sollen um vier neue erweitert werden. Die Uranreserven des Landes belaufen sich auf 1,3 Mio. Tonnen.

Das weitere wirtschaftliche Wachstum der nächsten Jahre kann nur bei einem deutlichen Ausbau der Erzeugungskapazitäten des Stromsektors gewährleistet werden. Hier fallen vor allem zusätzlich geplante Wasserkraftwerke ins Gewicht. Insbesondere bei den in Amazonien geplanten neuen Wasserkraftwerken ergeben sich komplexe Umweltfragen. Die brasilianische Regierung ist bemüht, die Nutzung alternativer Energie zu entwickeln und fördert dies im Rahmen des Proinfra-Programmes ..."

Deutsch-Brasilianische Gesellschaft e.V.: Brasil Infos • Brasilianische Wirtschaft. Unter: www.topicos.net/Brasilianische_Wirtschaft.155.0.html, Sept. 2011

13 Erzmine in der Serra dos Carajás

14 Bergbau und seine Bedeutung für Brasilien

„... Der Bergbau nimmt eine wichtige Stellung in der Wertschöpfung der Industrie und im Export ein. Eine wachsende internationale Nachfrage und steigende Rohstoffpreise gaben dem Sektor in den letzten Jahren starke Impulse ... Brasilien steht weltweit mit an der Spitze als Produzent von Eisenerz, Bauxit und Manganerz. 60% aller Edelsteine stammen aus Brasilien. Mit der weltwirtschaftlichen Belebung ist der extraktive Bergbau 2010 um 16% stark gewachsen und konnte dabei besonders von den steigenden Preisen für Erdöl und Erze profitieren. Der Sektor erzielte Erlöse von $ 157 Mrd. Mineralische Exporte machten 2010 $ 51 Mrd. bzw. 25% der Gesamtexporte aus. Innerhalb des Bergbausektors hat die Produktion von Eisenerz das größte Gewicht. Sie erreichte 2010 rd. 370 Mio. Tonnen. und hatte damit einen Anteil von 16% an der Weltproduktion. Eisenerz-Exporte trugen mit $ 29 Mrd. zu 14% zum Gesamtexport bei. Auf Vale – dem zweitgrößten Bergbau-Unternehmen weltweit und größtem brasilianischen Exporteur – entfielen davon allein $ 24 Mrd. Im Februar 2011 hat die neue Regierung den Langfristplan für die Entwicklung des Bergbausektors (Plano Nacional de Mineracao 2030) veröffentlicht. Er sieht für die kommenden zwei Jahrzehnte Investitionen von $ 350 Mrd. vor, die im Wesentlichen vom Privatsektor erbracht werden sollen."

Ebenda

G20
seit 1999 bestehender informeller Zusammenschluss der 19 bedeutendsten Industrie- und Schwellenländer plus der EU. Ziel der in unregelmäßigen Abständen stattfindenden Treffen ist vor allem die Kooperation in internationalen Finanzfragen.

Proinfra
Ein brasilianisches Regierungsprogramm, das bis 2014 den Anteil regenerativer Energieträger außerhalb der Wasserkraft auf 10% erhöhen will. Im Mittelpunkt stehen dabei Offshore-Windkraftanlagen.

Extraktiver Bergbau
Förderung bzw. Ausbeutung nicht erneuerbarer Rohstoffvorkommen, vor allem mineralischer und Energierohstoffe

Serra dos Carajás – Rohstoffgewinnung versus Regenwald

15 Serra dos Carajás – 1990 und 2005

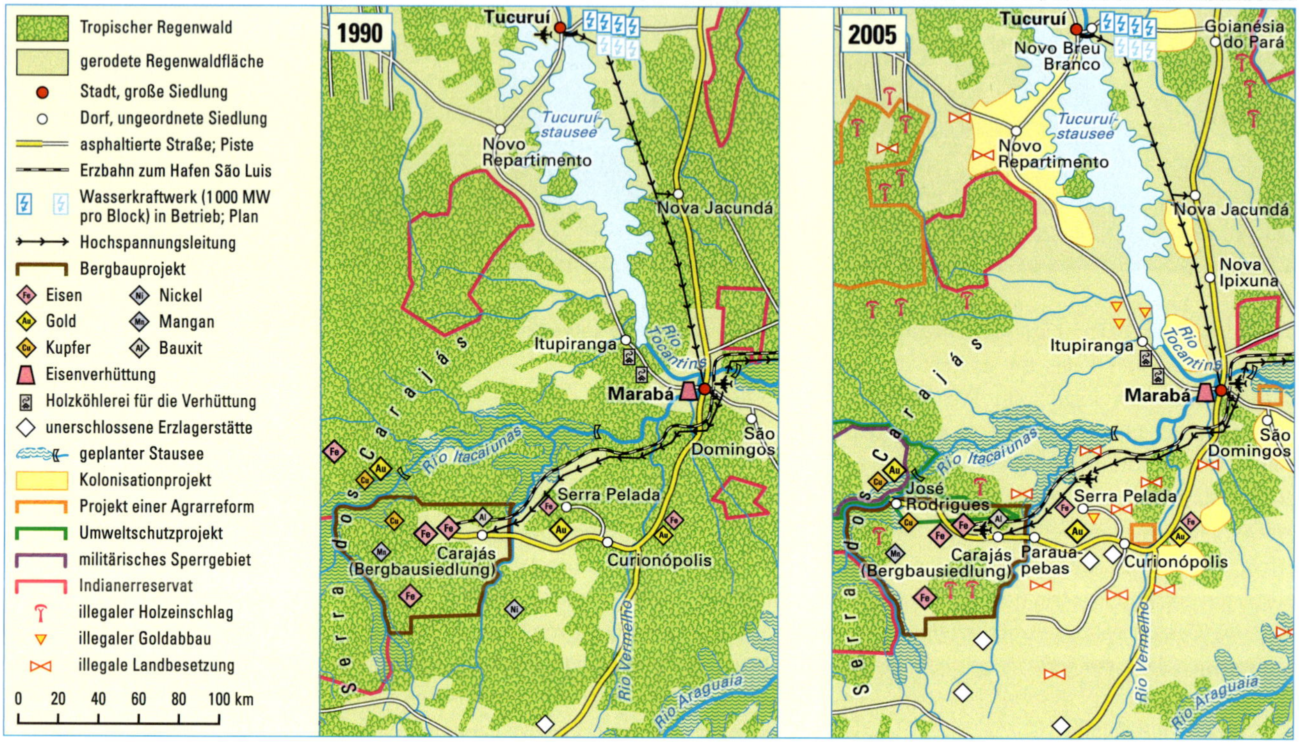

16 Daten zur Wirtschaft Brasiliens

Zusammenstellung nach verschiedenen Quellen

		2009	2010
BIP (Mrd. US-$, PPP)		2021	2172
BIP-Wachstum (% im Vergleich zum Vorjahr)		−0,6	7,5
BIP/Kopf (US-$, PPP)		10 200	10 800
BIP nach Wirtschaftssektoren (%)	I	6,7	5,8
	II	28,0	26,8
	III	65,3	67,4
Beschäftigte nach Wirtschaftssektoren (%, 2008)	I		ca. 20
	II		ca. 14
	III		ca. 66
Anteil des informellen Sektors (%)			ca. 50
Arbeitslosigkeit (%)		8,1	6,7
Exporte (Mrd. US-$)		153	202
Importe (Mrd. US-$)		128	182
Inflationsrate (%)		4,9	5,0
Auslandsverschuldung (Mrd. US-$)		319,9	368,4

1966/67 entdeckte man bei Carajás im Osten Amazoniens große Vorkommen an Bauxit, Mangan, Eisenerz und weiteren Bodenschätzen. Straßen wurden gebaut und 1985 eine Eisenbahnlinie zur Hafenstadt São Luis eingeweiht. Großflächig wurde der Regenwald entlang der Verkehrsachsen gerodet. Für Bergleute und Mitarbeiter der Holzfirmen errichtete man Unterkünfte in der Nähe zum Abbaugebiet. So entstanden Siedlungen, Sägewerke und weitere Industrieanlagen, aber auch Weide- und Ackerflächen, um die Ernährung der Arbeitskräfte zu sichern. Eisenerz und Bauxit, der Grundstoff für die Aluminiumherstellung, werden im Tagebau gefördert. Das gleiche trifft auf die großen Goldvorkommen zu. Dazu entfernen Bagger nach der Rodung der Abbauflächen die oberste Bodenschicht. Anschließend werden die eigentlichen Bauxit- und Erzschichten durch Sprengung gelockert. Die geförderten Rohstoffe gelangen zu den Aluminiumhütten bzw. zu den Atlantikhäfen.

Bedeutung des Erschließungsprojekts für Brasilien. Brasilien hat bis heute mit zwei zentralen Problemen zu kämpfen. Zum einen ist ein enormer Bevölkerungsdruck entstanden, da sich die Einwohnerzahl von 93 Mio. im Jahr 1970 bis auf 195 Mio. (2010) mehr als verdoppelt hat. Das natürliche Bevölkerungswachstum ist vor allem bei den Armen hoch. Für sie benötigt man Perspektiven, auch auf dem Arbeitsmarkt. Zum anderen leidet das Land seit langem unter einer hohen Auslandsverschuldung. Sie lag 2010 bei 368 Mrd. US-$, eine Summe, die zu einer starken Belastung durch Schuldendienste (Zinsen, Tilgung) führt, die wertvolle Devisen aufbrauchen. Ein Grund für die Verschuldung ist das ehrgeizige Ziel, das sich Brasilien in den wirtschaftlichen Boomzeiten der 1950er-Jahre setzte: Bis 1980 wollte man die führenden westlichen Industrieländer eingeholt haben. Die hierfür nötigen Investitionen wurden meist mit ausländischen Krediten bezahlt. Überdimensionierte Projekte, Missmanagement, Korruption u. Ä., aber auch weltwirtschaftliche Krisen wie nach den Ölpreisschocks von 1974/75 oder 1982 ließen die Träume platzen.

Die Erschließung von Rohstoffen erscheint angesichts der genannten Probleme ein Lösungsweg zu sein. Arbeitskräfte werden benötigt, der Export bringt Devisen und, wie z. B. seit einigen Jahren schon, eine positive Handelsbilanz. Die Vorkommen in der Serra dos Carajás spielen dabei eine wichtige Rolle, befindet sich hier doch mit 18 Mrd. Tonnen die größte Eisenerzlagerstätte der Welt. Bedeutsam sind diese Vorkommen z. B. auch für Deutschland, da Brasilien noch vor Australien unser wichtigster Eisenerzlieferant ist. Die Erze gelangen über den Atlantikhafen von São Luis nach Rotterdam und werden von dort mit Binnenschiffen nach Duisburg gebracht, wo sie in den Hochöfen verarbeitet werden.

17 Entwicklung der Eisenerzförderung der sieben größten Förderländer (Mio. t Bruttogewicht, Rang 2010) Nach United States Geolocical Survey

Rang	Staat	1970	1980	1990	2000	2007	2010
1	China	43	107	169	224	707	1072
2	Australien	50	94	111	168	299	434
3	Brasilien	40	113	145	213	355	372
4	Indien	31	41	55	76	180	208
5	Russland	90	113	110	87	105	99
6	Ukraine	83	104	81	56	78	79
7	Südafrika	8	26	30	34	42	59

18 Eisenerz: Reserven und Ressourcen (Mio. t, 2009)
Nach United States Geolocical Survey; www.usgs.gov

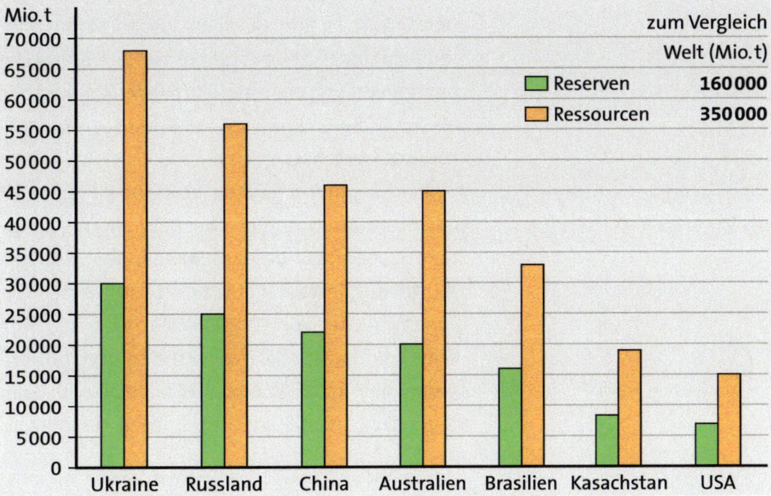

Belo Monte – Strom für die Zukunft Brasiliens

19 **Staudammprojekt Belo Monte**

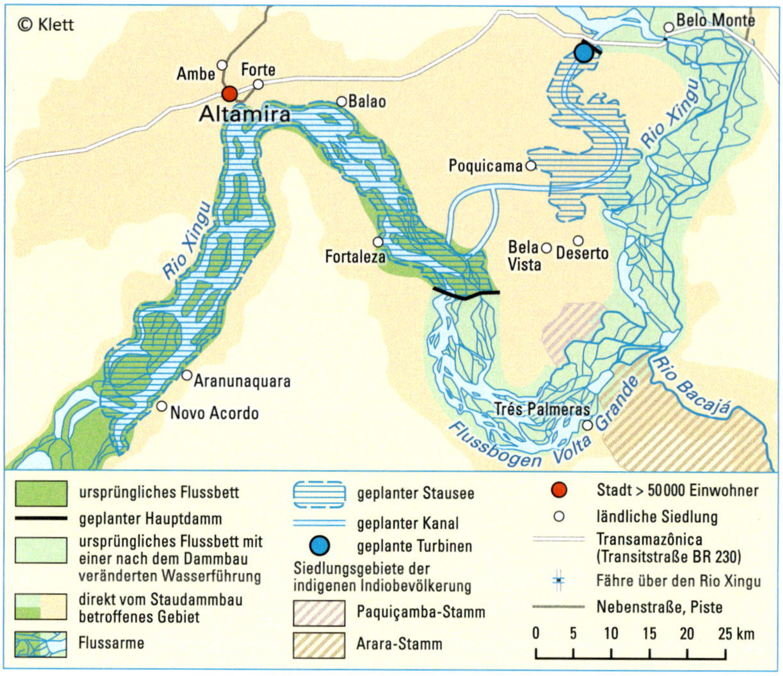

20 **Die amerikanische Schauspielerin Sigourney Weaver protestiert in New York ebenfalls gegen das Belo-Monte-Projekt**

Brasilien präsentiert sich gerne als ein Land, in dem ökologisches Denken schon weit fortgeschritten ist. So liegt z. B. der Ethanol-Anteil am Benzin bereits heute mit rund 50 % deutlich über dem in europäischen Ländern, und nur ca. 8 % der Stromerzeugung erfolgt auf der Basis fossiler Brennstoffe. Dieser Aspekt, die „grüne Macht“ unter den Schwellenländern zu sein, und der rasant steigende Bedarf der eigenen Industrie und Bevölkerung an Strom führen dazu, dass neue Projekte zur Sicherung der Energieversorgung entstehen. Was liegt näher, als auch die enormen Wasserressourcen Amazoniens weiter zu erschließen?

Eines der umstrittensten Vorhaben hierbei ist das Staudammprojekt von Belo Monte an einem Nebenfluss des Amazonas, dem Rio Xingu im Bundestaat Pará. Es soll mit einer Gesamtkapazität von 11 200 MW das drittgrößte Wasserkraftwerk der Welt werden und mit umgerechnet 8 bis 12 Mrd. Euro auch eines der teuersten. Über 20 000 Menschen werden als Arbeitskräfte benötigt. Für den Bau müssen mindestens 20 000, nach anderen Angaben sogar 40 000 Menschen umgesiedelt werden, überwiegend indigene Völker.

Das Projekt wurde zum Politikum. Im Januar 2011 trat der Umweltminister Brasiliens zurück, wahrscheinlich unter dem Druck, endlich die Genehmigung für Belo Monte zu erteilen. Diese erfolgte auch sogleich im Februar. Aufgrund der notwendigen Zwangsumsiedlungen und wegen der kaum kalkulierbaren ökologischen Folgen sah sich die Regierung Mitte April 2011 jedoch veranlasst, die erteilte Baugenehmigung auszusetzen. Schon am 20.04.2011 erhielt allerdings das Konsortium Norte Energia den Zuschlag für das Bauvorhaben, das dann auch vom obersten Gerichtshof des Landes genehmigt wurde. Zwar gab es im September 2011 per Gericht einen erneuten Baustopp, doch gehen die Betreiber von einer Inbetriebnahme im Jahr 2015 aus.

21 Projektkritik konkret

„Wie die Erfahrungen mit früheren Staudammprojekten in Brasilien zeigen, hätte der Dammbau für Mensch und Natur fatale Folgen. Dem Stausee müssten große Regenwaldflächen weichen, was die breit gefächerte Tier- und Pflanzenwelt der Region enorm schädigen würde. In dem stehenden Gewässer fänden Moskitos und andere Tiere Brutstätten, die Erreger von Tropenkrankheiten übertragen. Als Folge dürften etwa Malaria und Gelbfieber stark zunehmen. Schließlich heizen die aus dem Stausee aufsteigenden Treibhausgase Methan und Kohlendioxid die globale Erwärmung weiter an.

Der wirtschaftliche Nutzen des Projekts sei dagegen gering, sagen Kritiker. Für sich genommen wäre Belo Monte eines der ineffizientesten Wasserkraftwerke Brasiliens, weil der Wasserstand des 2000 Kilometer langen Rio Xingú saisonal stark schwankt. Während der drei bis fünf Monate langen Trockenzeit können seine Turbinen laut der Umweltorganisation Amazon Watch nur zehn Prozent der installierten Leistung von 11233 Megawatt (MW) liefern. Damit schrumpft die durchschnittliche Jahresleistung auf 4462 MW. Um einen ganzjährig stetigen Wasserfluss zu erreichen, sollen fünf weitere Dämme errichtet werden. Zusammen mit dem 400 Quadratkilometer großen Stausee von Belo Monte würden sie rund 6500 Quadratkilometer Regenwald verschlingen, das entspricht mehr als der doppelten Fläche des Saarlandes. Davon wären die Siedlungsgebiete vieler indigener Völker wie der Kayapó, Araweté, Assuriní und Arara betroffen. Amazon Watch fürchtet nun, der Dammbau könnte über 100000 Migranten in die Region locken. Doch Jobs gebe es nur für 40000 Arbeiter. Die übrigen dürften dann als illegale Holzfäller oder Viehzüchter arbeiten – was wiederum zulasten des Regenwalds ginge. Am Ende entstünden nur 2000 Dauerarbeitsplätze ..."

FOCUS Online / Michael Odenwald: Belo Monte: Staudamm der Superlative. Unter www.focus.de/wissen/wissenschaft/klima/tid-18218/belo-monte-staudamm-der-superlative_aid_507219.html, Sept. 2011

22 Proteste der indigenen Bevölkerung 2008

23 Wasserkraftwerke in Amazonien (in Betrieb bzw. im Bau oder genehmigt)

Name	inst. Leistung MW
São Luiz	9080
Marabá	2160
Serra Quebrada	1328
Teles Pires	1820
São Manuel	746
Sinop	461
Belo Monte	11182
Jirau e Santo Antonie	6450
Gesamt	33227
endgültiges Ausbauziel	ca. 45000

4 Stellen Sie anhand der Karte 10 (S. 32) die verschiedenen Maßnahmen zur Erschließung Amazoniens dar.

5 Erläutern Sie die Entwicklung der Region Marabá/Serra dos Carajás.

6 Vergleichen Sie positive und negative Aspekte des Staudammprojekts von Belo Monte.

7 „Brasilien – die grüne Macht" – nehmen Sie auf der Grundlage der Aufgaben 4–6 Stellung zu dieser Aussage.

4.3 Chile – Kupfer als Grundlage von „Wohlstand"?

24 Chuquicamata: größter Kupfertagebau der Welt

25 Kupfer: Förderung, Reserven, Ressourcen 2009 (1 000 Tonnen)

United States Geological Survey: World Mine Production, Reserves, and Reserve Base und Copper Development Association: Annual Data

Land	Förderung	Reserven	Ressourcen
Chile	5 390	160 000	360 000
Peru	1 275	63 000	120 000
USA	1 178	35 000	70 000
Indonesien	971	31 000	38 000
China	962	30 000	63 000
Australien	859	24 000	43 000
Russland	742	20 000	30 000
Sambia	562	19 000	35 000
Kanada	494	8 000	20 000
andere Länder	3 367	150 000	221 000
Welt	15 800	540 000	1 000 000

Gemessen an den Kriterien des **Human Development Index** (Lebenserwartung, Zugang zu Bildung und Pro-Kopf-Einkommen) gehört Chile zu den am weitesten entwickelten Schwellenländern. Der „Bericht über die menschliche Entwicklung 2010" stuft das Land – unter 169 erfassten Staaten – auf Platz 45 ein (zum Vergleich Deutschland: Rang 10). Innerhalb Lateinamerikas erreicht Chile beim Pro-Kopf-Einkommen eine Spitzenposition.

In der chilenischen Wirtschaft dominieren zwar die kleinen und mittleren Unternehmen. Sie beschäftigen auch den größten Teil der Arbeitnehmer. Mit seinen 17 Mio. Einwohnern bietet Chile aber nur einen begrenzten Binnenmarkt. Eine wesentliche Grundlage seiner wirtschaftlichen Stärke und seines Wohlstandes stellt daher die Exportwirtschaft dar. Hauptausfuhrgüter sind neben landwirtschaftlichen Erzeugnissen und Fischereiprodukten vor allem im Bergbau gewonnene Rohstoffe. Hier ist an erster Stelle das Kupfer zu nennen, das vorwiegend in zwei großen Bergwerken bei Chuquicamata und Escondida in der Atacamawüste im Norden Chiles gewonnen wird.

KKP = Kaufkraftparitäten (Purchasing Power Parity, PPP); internationale Kaufkraft der Währung eines Landes; gibt an, wie viele Einheiten der Währung eines Landes erforderlich sind, um den gleichen Waren- und Dienstleistungskorb zu kaufen, den man in den USA für einen US-Dollar erhalten könnte.

26 Wirtschaft Chiles

„Seit dem 19. Jahrhundert profitiert Chile von seinen natürlichen Rohstoffen. Zunächst beherrschte der Salpeterabbau die wirtschaftlichen Aktivitäten. Doch längst sind der Abbau von Kupfer sowie weiterer Rohstoffe zur wichtigsten treibenden Kraft der wirtschaftlichen Entwicklung geworden. Seit Ende der siebziger Jahre ist die chilenische Wirtschaft konsequent privatwirtschaftlich und wettbewerbsorientiert organisiert und auf den Weltmarkt ausgerichtet ...

Chile ist nach der globalen Finanzkrise und dem schweren Erdbeben vom 27. Februar 2010 mit materiellen Schäden von rd. 30 Mrd. US-$ wieder auf einem stabilen Wachstumskurs. Die Staatsfinanzen sind wohlgeordnet: Die Verschuldung liegt bei nur 6,2 % des Bruttoinlandsprodukts, der Staatshaushalt ist fast ausgeglichen, in den Staatsfonds, in denen die Überschüsse angelegt werden, haben sich 17 Mrd. US-$ angesammelt. Dazu tragen unter anderem hohe Rohstofferlöse bei."

Auswärtiges Amt: Die Wirtschaft Chiles. Stand: Oktober 2011, Unter www.auswaertiges-amt.de/DE/Aussenpolitik/Laender/Laenderinfos/Chile/Wirtschaft_node.html, Okt. 2011

27 Kupfer – ein umweltintensiver Rohstoff

„[In Chuquicamata] sprengen Menschen seit 100 Jahren das rote Gold aus dem Boden. Das Ergebnis ist ein gigantisches Loch: 4,5 Kilometer lang, 3,5 Kilometer breit und fast einen Kilometer tief ... Um eine Tonne Kupfer zu gewinnen, müssen 290 Tonnen Gestein gesprengt werden ...

Die Mine ist ein Beispiel dafür, wie sehr die Gier der Menschen nach einem der wichtigsten Industriemetalle die Landschaft verändert. Direkt neben der Mine laden die riesigen Laster der staatlichen chilenischen Minengesellschaft Codelco das weggesprengte Gestein ab. So entstehen gigantische künstliche Geröllberge, der Boden erodiert, ständig fliegt feiner Staub durch die Luft ... Inzwischen haben die Abraumhalden sogar die ehemalige Siedlung der Minenarbeiter erreicht. Bald wird von dem Ort ... nichts mehr zu sehen sein. Die letzten Einwohner wurden im Jahr 2007 umgesiedelt.

Der feine Staub ist für die Menschen, die in Chuquicamata arbeiten, eines der größten gesundheitlichen Risiken. Er reizt permanent die Atemwege. Zudem enthält er Arsen und andere giftige Substanzen, die bei der Aufbereitung des Kupfererzes eingesetzt werden. Dieser Arbeitsschritt ist besonders umweltschädlich. Um das Kupfer aus dem Gestein zu gewinnen, werden die erzhaltigen Gesteinsbrocken zermahlen und gewaschen. Das benötigte Wasser wird aus den Anden und dem Meer in die Atacamawüste gepumpt, die als trockenste Wüste der Welt gilt. Dem Wasser werden Chemikalien zugefügt. Sie bewirken, dass sich Gestein und Kupfererz trennen und am Schluss dieser Prozedur ein Konzentrat übrigbleibt. Dieses Konzentrat enthält zu je einem Drittel Kupfer, Schwefel und Eisen. Das hoch belastete Abwasser ... wird schließlich in die Wüste gepumpt und später wiederverwendet. Die Rückstände jedoch setzen sich im Wüstenboden ab. Erst das Kupferkonzentrat ist bereit für die großen Schmelzöfen in aller Welt. Die Welt reißt sich um diesen Rohstoff."

WDR: Die Jagd nach dem roten Gold. Sendung vom 08.02.2011

28 Strukturdaten Chile 2010

Zusammengestellt nach Fischer Weltalmanach 2012. DSW-Datenreport 2011. Bericht über die menschliche Entwicklung 2011

Allgemeine Daten		
Fläche (km²)		756 096
Bevölkerung (Mio.)		17,3
Bevölkerungswachstum (%)		0,9
Lebenserwartung (Jahre)		79
Alphabetisierungsgrad (% der über 15-Jährigen)		98,6
Wirtschaftsleistung und -struktur		
BIP (Mrd. US-$)		196,5
BIP: realer Zuwachs (%)		4,7
Inflationsrate (%)		2
BNE bei KKP pro Einwohner (US-$)		13 420
BIP nach Wirtschaftssektoren (%)	I	4
	II	44
	III	52
Beschäftigte nach Wirtschaftssektoren (%)	I	12
	II	23
	III	65
Außenhandel		
Importe (Mrd. US-$)		55,2
Anteile der wichtigsten Einfuhrgüter (%)		
Erdöl		17
Maschinen		13
Chemische Erzeugnisse (ohne Kunststoffe)		9
Exporte (Mrd. US-$)		71,0
Anteile der wichtigsten Ausfuhrgüter (%)		
Kupfer und Kupfererze		52
Früchte		7
Fisch und Meeresfrüchte		6
Soziales		
Arbeitslosigkeit (%)		7,1
Bevölkerung unterhalb der Armutsgrenze von 1,25 PPP-$ pro Tag (2000–2009; %)		0,8

8 Arbeiten Sie wesentliche Grundzüge der Wirtschaft Chiles heraus.

9 Stellen Sie Probleme des Kupferbergbaus in Chuquicamata dar.

10 Erörtern Sie, ob Kupfer für Chile tatsächlich ein Garant von „Wohlstand" ist.

11 Vergleichen Sie Venezuela, Brasilien und Chile unter dem Aspekt „Ressourcen-Fluch".

5 Landwirtschaft zwischen Food Crop, Cash Crop und Nachhaltigkeit

Die ländlichen Räume Lateinamerikas befinden sich seit langem in einem zunehmenden Dilemma, das sich in wirtschaftlichen, sozialen und ökologischen Spannungen widerspiegelt.
Eines dieser Problemfelder ist die Frage, welche agrarische Nutzung man will. Einerseits hat die Landwirtschaft genügend Potenzial, um die Ernährung der eigenen, stark wachsenden Bevölkerung zu sichern. Der Anbau von Food Crops, also von Nahrungsmitteln besonders im Rahmen der Subsistenzwirtschaft, könnte hierzu entscheidende Beiträge leisten. Andererseits könnten die gleichen Potenziale auch genutzt werden, um in Großbetrieben wie Plantagen, Haziendas oder Estanzias agrarische Güter für den Weltmarkt zu produzieren. Der Export dieser Cash Crops lässt die von den lateinamerikanischen Staaten so dringend benötigten Devisen fließen, die dann z. B. den Import von Investitionsgütern ermöglichen. Verknüpft mit diesem Spannungsfeld ist ein politisch-soziales. Es geht um das Verhältnis zwischen den mächtigen Großgrundbesitzern und den weitgehend rechtlosen Kleinbauern und Landlosen. Und auch darum, wie sich hier die politischen Kräfte in Zukunft verhalten.
Schließlich entstehen ökologische Konflikte. Um Land- und Forstwirtschaft zu betreiben und auszubauen, greift der Mensch in empfindliche ökologische Systeme ein, wie den tropischen Regenwald oder die halbtrockenen Savannen.

Wie also gestaltet sich das Nebeneinander von traditioneller und moderner Landwirtschaft?
Wofür entscheidet man sich: für den Anbau von Food Crops oder von Cash Crops?
Welche Rolle spielen ungerechte Besitzstrukturen und Agrarreformen?
Welche Chancen gibt es, Land- und Forstwirtschaft nachhaltig zu betreiben?

1 Rinder in der Pampa – tierisches Eiweiß für Argentiniens Bevölkerung oder Steaks für die „Maredo"- Restaurants?

Kompetenzen erwerben:
- erkennen, dass die Landwirtschaft in den Tropen im Spannungsfeld zwischen ökonomischen Anforderungen, Ernährungssicherung und ökologischen Gegebenheiten steht,
- die agrarischen Hauptnutzungsformen ökonomisch und ökologisch charakterisieren,
- die ungerechten Landbesitzverhältnisse als schwerwiegendes Problem Lateinamerikas erkennen,
- Land- und Agrarreformen als Mittel zu mehr sozialer Gerechtigkeit darstellen,
- am Beispiel des Kaffeeanbaus in Costa Rica Möglichkeiten und Grenzen einer nachhaltigen Land- und Forstwirtschaft beurteilen.

Lateinamerikas Ernährungsproblematik

Der Begriff „Ernährungssicherung“ ist für den durchschnittlichen Europäer eher fremd. Zu sehr sind wir daran gewöhnt, problemlos unseren täglichen Nahrungsbedarf zu decken.
Das ist in großen Bevölkerungsteilen Lateinamerikas jedoch ganz anders. Für die Armen in den ländlichen Regionen oder in den Marginalsiedlungen der Metropolen ist die Sicherung der Ernährung ein Teil des täglichen Überlebenskampfes. Unter diesem Aspekt ist die Frage „**Cash Crops** oder **Food Crops**?“ von großer Brisanz und führt unmittelbar zu einer weiteren Frage: Ist ein sinnvolles Nebeneinander von traditionellen, ernährungssichernden Nutzungsformen und von modernen, marktorientierten denkbar?

3 Sojaernte in Bolivien

2 Südamerika im Sojarausch

„Buenos Aires (dpa) – Südamerika befindet sich im Soja-Rausch und weist Rekorde bei Gewinnen ebenso wie bei der Umweltzerstörung auf ... Während der vergangenen zwölf Monate verdoppelten sich die Preise für Reis, Getreide, Mais und andere Ölfrüchte, betonte der Exekutivsekretär der lateinamerikanischen Wirtschaftskommission, José Luis Machinea. Einige Bauern hingegen freuen sich. ‚Vor fünf Jahren bekam ich für einen schlachtreifen Ochsen gerade mal 200 Dollar [125 Euro]. Heute sind es mehr als 600 Dollar‘, erzählt Harry Bartel in der Mennoniten-Stadt Loma Plata im Norden Paraguays. ‚Dies ist eine dramatische Entwicklung für eine große Gruppe von Menschen‘, warnt hingegen Machinea. Die Staaten müssten dringend Programme zur Unterstützung der Ärmsten starten und vor allem auch ihre Lebensmittelproduktion ankurbeln. Das aber ist schwierig, denn der Anbau von Sojabohnen und die Rinderzucht beanspruchen immer größere Flächen. Die Anbaufläche für Getreide und Ölsaaten in Argentinien ist ... 2007/08 um 5,4 % auf 32,3 Mio. ha ausgeweitet worden. Die weltweite Sojaerzeugung lag für die Ernte 2006/07 bei etwa 230 Mio. t. ... Das waren fast 8,0 Mio. t mehr als im Vorjahreszeitraum ...

Insgesamt werden 66 % der globalen Sojaproduktion zu Futtermitteln verarbeitet, 20 % werden für Nahrungsmittel und 14 % für industrielle Zwecke verwendet ...
Neben den Kleinbauern und den Armen kommt auch die Natur vielfach unter die Räder. Für den großflächigen Soja-Anbau, der wegen des teuren Maschinenparks überwiegend von großen Kapitalgesellschaften betrieben wird, werden vor allem im Norden Argentiniens sogenannte Trockenwälder gerodet, die sich bisher im Urzustand befanden. In Brasilien werden zudem zu 90 % gentechnisch veränderte Soja-Sorten angebaut und in Argentinien sind es sogar 98 %. Der Pestizid-Einsatz ist hoch und die Böden werden schnell ausgelaugt. Um die negativen Folgen in den Griff zu bekommen, arbeiten zurzeit in dem Verein ‚Round Table on Responsible Soy‘ (RTRS) Erzeuger, verarbeitende Betriebe, Großhändler sowie Umwelt- und Verbraucherschutzorganisationen wie der WWF an der Formulierung von Mindeststandards für die nachhaltige Nutzung von Soja zusammen ...“

Jan-Uwe Ronenburger, dpa: ERNÄHRUNG: Südamerika im Sojarausch. dpa 24.04.2009

5.1 Nebeneinander von traditioneller und moderner Landwirtschaft

4 **Kleinbauern bei der Brandrodung**

5 **Maniok**

„Der tropische Regenwald ist eine Wüste, bedeckt mit Bäumen."

R. J. A. Goodland und H. S. Irwin, 1974

Shifting Cultivation – traditionelle Landwirtschaft in den Tropen

Die älteste, einfachste und schonendste Art der Landnutzung in den tropischen Waldgebieten ist die **Shifting Cultivation**. Am Anfang steht die Rodung eines Waldstücks mit Axt, Säge und Haumesser; die Baumstümpfe bleiben im Boden. Gegen Ende der Trockenzeit wird das geschlagene Holz abgebrannt („Brandrodung"), und zu Beginn der Regenzeit erfolgt die Aussaat der Kulturpflanzen. Der Brand erfüllt einige wichtige Funktionen: Er liefert Mineralien für den Boden, vernichtet Wildkraut und Schädlinge und sorgt durch die Aschelieferung für eine deutliche Anhebung des pH-Wertes der normalerweise sehr sauren Böden. Auf diese Weise lässt sich die eigentlich geringe Ertragsfähigkeit tropischer Böden vorübergehend ausgleichen.

Ziel dieser Landnutzungsform war früher die Eigenversorgung („**Subsistenzwirtschaft**"), z. B. durch den Anbau von Grundnahrungsmitteln wie Maniok. Da später auch Kakao, Bananen oder Erdnüsse angebaut wurden, ergab sich mit der Zeit eine gewisse Marktorientierung. Noch Mitte der 1970er-Jahre hatte diese Form der Landnutzung einen Anteil von rund 45 % an der tropischen Landwirtschaft Südamerikas.

Die oben genannten Vorteile der Brandrodung kommen allerdings nur für eine Saison voll zur Geltung. In den dauerfeuchten Tropen beschränkt sich die erste intensive Anbauphase traditionell nur auf ein Jahr, in den wechselfeuchten Tropen auf zwei bis vier Jahre, da die Böden schnell erschöpft sind. Der größte Teil der in der Asche vorhandenen Nährstoffe geht durch Niederschläge verloren. Entweder wird er durch Starkregen an der Oberfläche weggeschwemmt oder der nach unten gerichtete Bodenwasserstrom schwemmt die Nährstoffe in so große Tiefen, dass sie von Pflanzenwurzeln nicht mehr erreicht werden können. So ist nach kurzer Zeit der Nährstoffgehalt des Oberbodens so gering, dass sich ein Anbau nicht mehr lohnt – die Bewohner wandern weiter.

Dieser Wanderfeldbau, die Shifting Cultivation, ist unter ökologischen Gesichtspunkten noch das am besten angepasste Landnutzungssystem auf den sehr nährstoffarmen Böden der feuchten Tropen. Werden nämlich nach dem Abwandern der Bewohner auch noch ausreichend lange Brachzeiten eingehalten, kann sich die Vegetation regenerieren und sich ein degradierter Wald, der Sekundärwald, bilden. Die Pflanzen können aus dem Boden weitere Nährstoffe für eine erneute Bewirtschaftung mobilisieren. Voraussetzung ist allerdings, dass sich Mykorrhiza an den Wurzeln der Pflanzen bilden. Denn hier wurde der geschlossene Nähstoffkreislauf des Primärwaldes durch die Brandrodung an seiner entscheidenden Stelle unterbrochen: Mit dem Absterben dieser Wurzelpilze verschwinden diese wichtigen Nährstofffallen.

Diesem traditionellen schonenden Umgang mit dem Boden und der Vegetation sind jedoch zunehmend Grenzen gesetzt.

6 Mengenwerte der Nährstoffe im tropischen Waldboden nach Brandrodung und Entnahme durch Kulturpflanzen

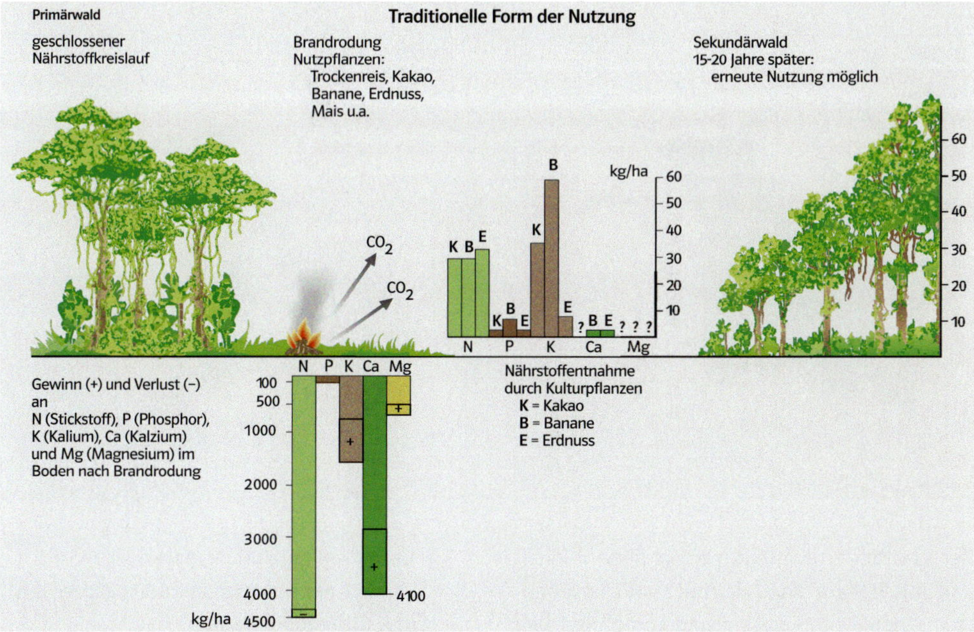

7 Bevölkerungsdichte und Marktorientierung als kritische Faktoren

„Bei geringer Bevölkerungsdichte fügte sich der Wanderfeldbau jahrtausendelang harmonisch in den Naturhaushalt ein. Ökologische Schäden treten erst dann auf, wenn durch steigende Bevölkerungszahlen oder übermäßige Ausweitung der Marktproduktion die Landreserven sinken und die Brachezeiten ... verkürzt werden müssen ... Als erste [durch Bevölkerungswachstum und Marktproduktion verursachte] Intensivierungsstufe wandelt sich der Wanderfeldbau zur Landwechselwirtschaft mit verkürzter Brache, welche keine Regeneration der Waldvegetation mehr zulässt (Buschbrache) ... Der Übergang vom Wanderfeldbau zur Landwechselwirtschaft bedeutet auch die Fixierung der Siedlungen, die nun nicht mehr nach einigen Jahren aufgegeben werden müssen."

Adolf Arnold: Allgemeine Agrargeographie. Gotha und Stuttgart: Klett-Perthes 1997, S. 163/164

Moderne Landnutzungsformen – Zerstörer oder Bewahrer des tropischen Ökosystems?

Wenn man an moderne Landnutzungsformen in Lateinamerika denkt, so entstehen in erster Linie Bilder von großflächigen Rinderzucht-Betrieben oder von **Plantagen**. Auf ihnen werden Cash Crops als Monokulturen angebaut. Tatsächlich bestimmen solche Betriebe seit den 1970er-Jahren zunehmend die Agrarwirtschaft. Ihre Weltmarktorientierung ist dabei in jüngerer Zeit neben der Produktion von Fleisch und Exportfrüchten um einen weiteren Aspekt ergänzt worden: den Anbau natürlicher Rohstoffe für die Herstellung von Biokraftstoffen. Die Produkte der Plantagenwirtschaft sind für viele Länder Lateinamerikas von großer Bedeutung, da durch ihren Export Devisen erwirtschaftet werden, mit denen man z. B. Investitionsgüter kaufen oder Auslandsschulden tilgen kann.
Die exportorientierten Plantagen, bei denen die Beschäftigten überwiegend Lohnarbeiter sind, weisen eine vertikale Konzentration auf.

Mykorrhiza
(mykes = Pilz, rhiza = Wurzel)
Dieser Begriff bezeichnet die Lebensgemeinschaft eines Pilzes mit einem Feinwurzelsystem. Der Pilz besiedelt die Wurzeln von Pflanzen und tauscht Nährstoffe mit diesen aus. Er bezieht von der Pflanze Energie und Kohlenstoff in Form von Zucker, welchen sie in ihren Blättern mithilfe des Sonnenlichts produziert. Zusätzlich beeinflusst und fördert die Pflanze das Pilzwachstum über sogenannte Exsudate (Wurzelausscheidungen), welche im Wurzelbereich an die Erde abgegeben und dann vom Pilz aufgenommen werden. Im Gegenzug für diese Leistung bekommt die Pflanze vom Pilz Nährstoffe wie Phosphor und Stickstoff geliefert. Pilz und Pflanze tauschen teilweise auch komplexer gebaute Verbindungen wie z. B. Vitamine aus.

8 Der brasilianische Cerrado unter dem Einfluss der agrarischen Erschließung, vor allem dem Sojaanbau: Ursprüngliche Cerrado-Fläche und Cerrado-Fläche 2005

Nach WWF: Fakten zur Sojaproduktion und den Basler Kriterien, S.2; unter http://assets.wwf.ch/downloads/final_06_06_07_factsheet_soja_d.pdf

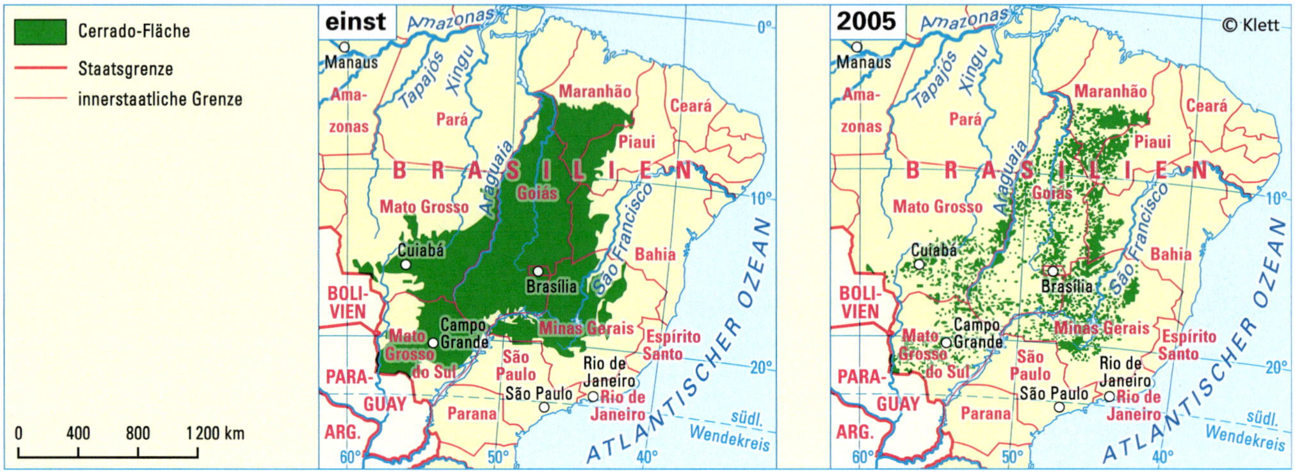

Cerrado
Der Cerrado gilt als die artenreichste Savanne der Welt. Ursprünglich umfasste diese Landschaft eine Fläche von rund 200 Mio. Hektar, von denen heute nur noch schätzungsweise 20 % als intakt gelten.

Der spezialisierte Anbau erfolgt also rationell und mit hohem Kapitaleinsatz und ist ebenso mit der Weiterverarbeitung kombiniert wie zumeist auch mit der Vermarktung. Aufgrund dieser Struktur gehören die Betriebe entweder Großgrundbesitzern oder häufig auch internationalen Konzernen. Eine solche Art der agrarischen Produktion muss unter ökonomisch-sozialen und ökologischen Aspekten kritisch betrachtet werden:

- Abhängigkeit von ausländischen Investoren und fremdem Kapital,
- Unsicherheit infolge von Schwankungen von Weltmarktnachfrage und Weltmarktpreisen,
- Verstärkung sozialer Disparitäten zwischen Plantagenbeschäftigten und übriger ländlicher Bevölkerung (Kleinbauern, Landlose),
- Anbau von Cash Crops zulasten von Food Crops,
- Rodung großer Flächen, vor allem des Regenwaldes, zur Anlage von Monokulturen,
- Zerstörung der Biodiversität,
- starke Bodenauslaugung durch Monokulturen mit der Notwendigkeit verstärkter Düngung.

Die Landwirtschaft steckt also im Dilemma zwischen ökonomischer Tauglichkeit verschiedener Agrarkonzepte und ihrer sozialen und ökologischen Verträglichkeit.

9 Cash Crop Sojabohne/Sojaschrot
Sojabohnenproduktion 2009 (Mio. t), die drei führenden Staaten

Nach FAOStat; unter http://faostat.fao.org/site/339/default.aspx

USA	91,42
Brasilien	56,96
Argentinien	30,99
2011	ca. 30,00
davon in den Export:	ca. 28,00
Preis je short ton (= 907 kg):	415 US-$

1 Beschreiben Sie Spannungsfelder, die mit der agrarischen Nutzung lateinamerikanischer Räume verbunden sind.

2 Shifting Cultivation:
a) Charakterisieren Sie den Wanderfeldbau als Landwirtschaftsform der feuchten Tropen.
b) Beurteilen Sie das System der Shifting Cultivation aus wirtschaftlicher und ökologischer Sicht.

3 Erläutern Sie charakteristische Merkmale der Plantagenwirtschaft.

4 „Weder Wanderfeldbau noch Plantagenwirtschaft können den ökonomischen und ökologischen Anforderungen wirklich gerecht werden."
Bewerten Sie diese Aussage.

Maßnahmen zur Produktionssteigerung – Beispiel Grüne Revolution, Mexiko

10 Landreichtum – Wasserknappheit

„Mit einer Größe von fast 1 Mio. km² nimmt die landwirtschaftliche Nutzfläche über die Hälfte Mexikos ein. Rund ein Viertel davon ist ackerbaulich genutzt, drei Viertel dienen der extensiven Weidewirtschaft. In weiten Teilen des Landes stellt das knappe Wasserangebot den begrenzenden Faktor für die Landwirtschaft dar. Große Bereiche des Nordens liegen jenseits der agronomischen Trockengrenze, sodass hier Ackerbau nur mit künstlicher Bewässerung möglich ist.
Wegen dieser natürlichen Gegebenheiten war eine ausreichende Versorgung der Bevölkerung stets ein Problem. Ab Mitte des 20. Jh.s gelang es jedoch die landwirtschaftliche Produktion so weit zu steigern, dass sie mit dem enormen Bevölkerungswachstum [1950: 26,3; 1970: 50,7; 1990: 81,3; 2010: 112,3 Mio. Ew.] Schritt halten kann."

Arno Kreus / Norbert von der Ruhren: TERRA Erdkunde Sekundarstufe II: Räume und Strukturen. Stuttgart, Leipzig: Klett 2007, S. 162

11 Erfolge durch die Grüne Revolution

„Dieser bemerkenswerte Zuwachs beruhte zwar z. T. auf der Erweiterung der Anbaufläche von 14,6 auf 24,8 Mio. ha (1930–1990). Er war aber hauptsächlich einer Steigerung der Hektarerträge und der Arbeitsproduktivität zu verdanken. Tatsächlich zeigen sich hier die Erfolge der sogenannten ‚Grünen Revolution', die auf das Zusammenwirken mehrerer Faktoren zurückzuführen ist, nämlich die beträchtliche Ausweitung von bewässerten Flächen, vor allem in den nördlichen Trockengebieten, die Einführung moderner Agrartechniken, einschließlich der Anwendung von Handelsdünger und chemischen Pflanzenschutzmitteln, sowie insbesondere die Züchtung von ertragreichem Saatgut."

Erdmann Gormsen: Mexiko. Land der Gegensätze und Hoffnungen. Perthes Länderprofile. Gotha: Perthes 1995, S. 126

12 Bewässerungswirtschaft Mexikos

Ebenda, S. 127/128

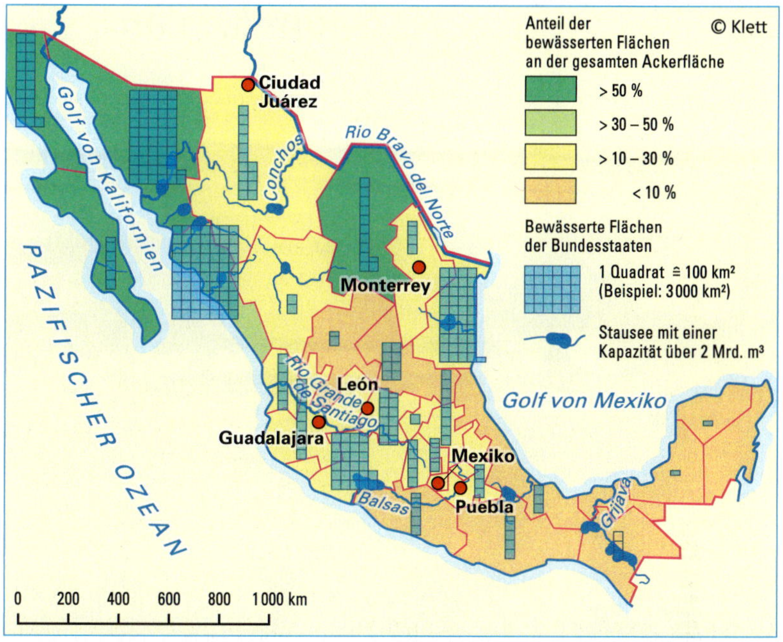

13 Verfehlte Politik

„[Doch die spektakulären Erfolge waren nur von kurzer Dauer.] ... schon 1971/1972 haben sich die Verhältnisse wieder umgekehrt. Zwar stiegen die Hektarerträge weiter, aber bis zu einem Drittel des Getreideverbrauchs musste durch Importe gedeckt werden ... Verantwortlich für diese Entwicklung ist nur teilweise der Bevölkerungszuwachs. Wichtiger erscheint die Tatsache, dass die Anbauflächen der Grundnahrungsmittel stagniert haben, während gleichzeitig bis zu einem Fünftel der Ernte als Viehfutter verwendet wurde ... Dahinter steht ein tief greifender Strukturwandel in der Landwirtschaft. Er ist auf die Erzeugung hochwertiger Produkte für den Binnenmarkt und für den Export ausgerichtet und konnte sich aufgrund von ... staatlichen Subventionen vollziehen."

Ebenda, S. 127/128

5 Erläutern Sie am Beispiel Mexikos den Begriff „Grüne Revolution".

6 Erstellen Sie ein Wirkungsgefüge zu den möglichen ökologischen und sozialen Folgen der Grünen Revolution.

5.2 Besitzstrukturen in der Landwirtschaft und Agrarreformen

14 Ausdruck zweier ländlicher Welten: Finca eines Kleinbauern (Campesino) ...

Zu den fundamentalen Strukturproblemen aller lateinamerikanischer Staaten gehören die ungleichen und ungerechten Besitzverhältnisse auf dem Land. Hieraus ergeben sich einerseits soziale Spannungen zwischen den in der Regel politisch einflussreichen Großgrundbesitzern und Agrarunternehmen sowie der Masse der Kleinbauern, Landarbeiter und Landlosen. Diese Spannungen erreichen seit ungefähr 2000 einen Höhepunkt in Bolivien und Venezuela, die von indianisch-stämmigen Präsidenten regiert werden.
Andererseits ist mit dieser Problematik auch die Frage nach der agrarischen Ausrichtung des jeweiligen Landes verbunden: Produziert man landwirtschaftliche Güter für den Weltmarkt oder stellt man die Ernährungssicherung der Bevölkerung in den Mittelpunkt?

15 Bolivien – Kampf gegen den Großgrundbesitz

„Nach der Erdgasnationalisierung hat Boliviens Präsident Evo Morales am Wochenende die Umsetzung eines weiteren Wahlversprechens auf den Weg gebracht: eine umfassende Landreform.
Am Samstag überreichte Präsident Morales in Santa Cruz de la Sierra, der Hochburg des bolivianischen Agrobusiness, Landtitel über 30 000 Quadratkilometer für gut 3 500 Indígena- und Kleinbauernfamilien. Weitere 22 000 Quadratkilometer würden in den kommenden Monaten verteilt, kündigte Morales vor Tausenden Kleinbauern an: ‚Bisher reden wir von staatlichen Ländereien, aber der nächste Schritt wird der Großgrundbesitz sein, der seine wirtschaftliche und soziale Funktion nicht erfüllt.‘ Als Motto der ‚Agrarrevolution‘ gab er aus: ‚Das Land denen, die es selbst bearbeiten.‘
In den kommenden fünf Jahren, so das ehrgeizige Ziel des Präsidenten, sollen 200 000 Quadratkilometer Agrarland umverteilt werden, vor allem im Amazonasgebiet und in Ostbolivien. Das wäre knapp ein Fünftel der Fläche Boliviens. Damit will er an die Agrarreform von 1953 anknüpfen, die sich weitgehend auf das westliche Andenhochland beschränkt und Tausende Kleinsteigentümer geschaffen hatte. Morales sprach sich außerdem für eine ‚ökologische Produktion‘ und gegen gentechnisch veränderte Produkte aus. Die Großbauern, die im Vorfeld auf Blockadekurs gegangen waren, attackierte er: ‚Sie und ihre Großväter haben unser Land über 500 Jahre lang an sich gerissen. Dieses Land muss an seine absoluten Eigentümer zurückgegeben werden‘.
‚Wenn uns der Rechtsstaat nicht verteidigt, müssen wir das selbst tun‘, gab Verbandschef José Céspedes zurück und kündigte die Bildung von ‚Verteidigungskomitees‘ an. Selbst von bewaffneten Milizen ist die Rede ... Die wohlhabenden Agroexporteure der Region Santa Cruz fürchten um ihre Privilegien. Morales sagte jedoch, seine Politik zu Gunsten der Kleinbauern bedeute nicht, dass die Interessen der Rinder- und Sojafarmer vernachlässigt würden.“

Gerhard Dilger: Start für Landreform in Bolivien. In: Neues Deutschland, 6. Juni 2006

Material

Infoblatt: Koka-Wirtschaft in den Andenstaaten
104112-0501

Zu Zeiten der südamerikanischen Militärdiktaturen gab es eine besonders enge Verzahnung zwischen den herrschenden Juntas und den Großgrundbesitzern. Seitdem jedoch demokratische Strukturen vorhanden sind, ist die Frage der Landgerechtigkeit stärker in den Blickpunkt geraten. Nicht nur an der Bevölkerungsbasis, sondern zunehmend auch in den Regierungen geht man davon aus, dass Agrarreformen eine zentrale Bedingung für die politische und soziale Zukunftsgestaltung sind. So gehörte zu den wichtigsten Programmpunkten, mit denen der brasilianische Staatspräsident Luiz Inácio Lula da Silva 2003 an die Macht kam, die Umsetzung einer Agrar- bzw. Landreform. In Argentinien dagegen ist es vor allem die katholische Kirche, die solche Reformen einfordert. Sie sieht in der Konzentration des Landbesitzes in den Händen von einigen Tausend Estancieros eine massive Benachteiligung der Kleinbauern.

17 ... und Hazienda eines Großgrundbesitzers

16 Estancia Cóndor im südlichen Argentinien – Beispiel für einen traditionellen agrarischen Großbetrieb

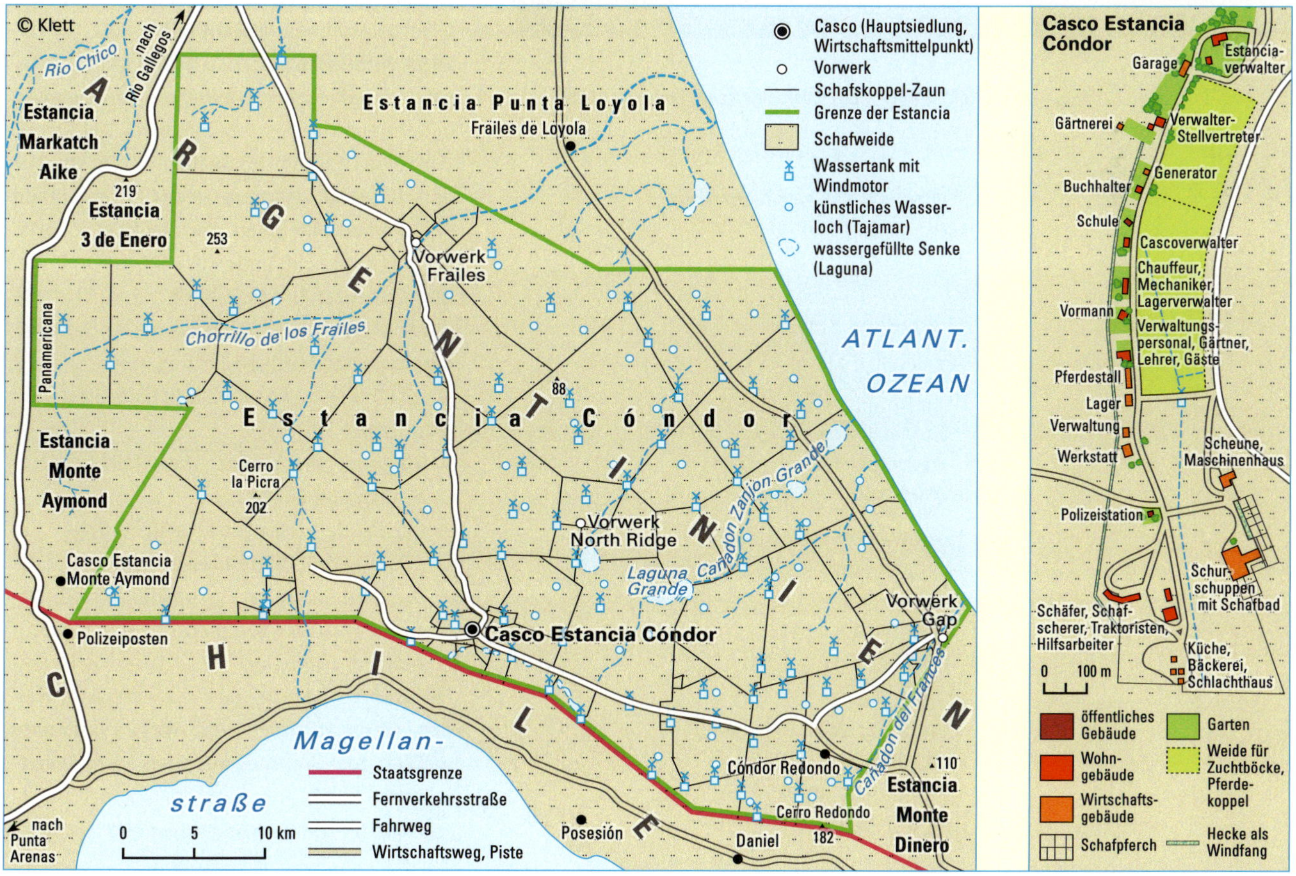

Fallbeispiel Brasilien

18 Kleinbauern – das Dorf Rio Verde in Südostbrasilien
28 Bauern produzieren Bananen im Rahmen eines freiwilligen Genossenschaftszusammenschlusses.

19 Fakten zur Landbesitzverteilung 2009
Eigene Zusammenstellung nach verschiedenen Quellen

Weltrang hinsichtlich der Konzentration des Landbesitzes	2
	(Paraguay 1)
Großgrundbesitzer	
Anteil an der ländlichen Bevölkerung	1 %
ihr Anteil am Landbesitz	45 %
in Mio. ha	132
davon die 4000 größten (Mio. ha)	85
ausgewählte Anbauflächen von Cash Crops (in Mio. ha)	
Zuckerrohr	9
Eukalyptus	7
Soja	26
Kleinbauern	
Anteil an der ländlichen Bevölkerung	90 %
absolut ca. (in Mio.)	27
ihr Anteil am Landbesitz	22 %
Landlose (in Mio.)	5

20 Stationen der Landgesetze und Landreformen

1850 Landgesetz Abschaffung der Sklaverei und erstes Landgesetz; Land wird zur „Ware“, die man vom Staat kaufen muss; wer schon Land hat, bekommt dafür einen Besitztitel; bis heute gibt es ca. 250 Mio. ha „ungenutztes Land“ (Staatsland), das aber z. T. von Großgrundbesitzern genutzt wird.

1964 Bodenstatut Erste offizielle Landreform mit „eine[r] Anzahl von Maßnahmen, die darauf abzielen eine bessere Verteilung des Landes zu bewirken, indem die Regelung für Landbesitz und Landgebrauch verändert wird, damit die Prinzipien der sozialen Gerechtigkeit und der Produktivitätssteigerung verwirklicht werden“; Enteignung wird aus sozialen Gründen dort möglich, wo es Landkonflikte gibt; die Enteigneten müssen entschädigt werden.

1967 Verfassung Enteignung von Landbesitz ist dann gerechtfertigt, wenn dadurch soziale Gerechtigkeit verwirklicht wird.

1988 Verfassung nach 21 Jahren Militärdiktatur; die Gedanken von 1964 und 1967 werden in der neuen Verfassung in Artikel 184 fixiert: „Um eine Landreform durchzuführen, steht es dem Bund zu, im Interesse der Allgemeinheit das Land zu enteignen, das nicht seine soziale Funktion erfüllt, und zwar mittels vorheriger und gerechter Entschädigung.“ In Artikel 186 wird die „soziale Funktion“ von Land definiert, der landwirtschaftliche Betrieb muss:
- zu 80 % seine Produktivitätskapazität nutzen,
- 20 % des Urwaldes erhalten (falls er in Amazonien liegt),
- alle Landarbeiter sozialversicherungspflichtig registrieren lassen und
- die Gemeinden im Einzugsbereich des Betriebes müssen von diesem einen Nutzen haben.

Ohne Entschädigung darf nur enteignet werden, wenn auf dem Land Drogen angebaut werden oder wenn es auf einer Farm Sklaverei gibt.

Nach MST: Die Landlosenbewegung und der Kampf um die Landreform in Brasilien

MST. Die „Bewegung der Landarbeiter ohne Boden“ wurde 1984 während der Militärdiktatur gegründet. Sie hat heute ca. 1,5 Mio. Mitglieder und gilt als größte soziale Bewegung Lateinamerikas. 1991 erhielt sie den Alternativen Friedensnobelpreis.
1985 begannen die Mitglieder, ungenutztes oder gesetzeswidrig genutztes Land zu besetzen. Damit setzte man die Behörden unter Zugzwang, dem Gesetz Geltung zu verschaffen. Zum Teil ging das auch über Gerichte, wo man entscheidende Prozesse gewann. Auf diesem Weg hat man bis heute rund 400 000 landlosen Familien Besitztitel auf Land gesichert. Von Beginn an wurden die Landverteilungen begleitet durch die Förderung von Kooperativen und den Bau von Schulen.

21 Agrarreform in Brasilien: Ernüchternde Zahlen

„Zu Beginn seiner Regierungszeit hatte der brasilianische Präsident Lula einen Agrarreformplan ausarbeiten lassen. Dieser endete mit dem Jahr 2007. Ein anschließender Agrarreformplan wurde von der brasilianischen Regierung nicht entwickelt ... Stattdessen kürzte die Regierung jüngst mit der Begründung der Finanzkrise stark den Haushalt des Ministeriums für Agrarentwicklung. So sank das angesichts gestiegener Bodenpreise ohnehin lachhafte Budget für Enteignungen von ursprünglich knapp 1 000 Mio. R$ um 41 % auf 561 Mio. R$. Auch das Budget für die landwirtschaftliche Beratung angesiedelter Familien wurde um 41 % gekürzt, der Haushaltsansatz für Bildungsprogramme in Agrarreformsiedlungen sogar um 62 % auf 26 Mio. R$. Mit diesen Mittelkürzungen können im Jahr 2009 nach Berechnungen der Landlosenbewegung maximal 17 000 Familien neu angesiedelt werden.
Der Blick auf die Zahlen der letzten Jahre zeigt allerdings, dass viel mehr ohnehin nicht zu erwarten gewesen wäre: Insgesamt wurden zwar nach Regierungsangaben zwischen 2003 und 2007 knapp 500 000 Familien angesiedelt. Das Ziel 1 des Agrarreformplans bestand in 540 000 neu angesiedelten Familien. So gesehen hat die Regierung ihr Ziel fast erreicht. Betrachtet man die Zahlen allerdings genauer, zeigt sich, dass von den 500 000 Familien nur 163 000 in neuen Ansiedlungen unterkamen und damit tatsächlich im Rahmen der Agrarreform Land erhielten – womit sich die Zielerreichung auf knapp 30 % verringert. [284 000 Familien bekamen lediglich Landtitel auf das Land, das sie schon bewohnten.] ... Bei den offiziellen Ansiedlungszahlen von 2008 entpuppten sich sogar nur noch 20 000 ... Ansiedlungen als wirkliche Neuansiedlungen. Damit kommt die Lula-Regierung nach bereinigten Zahlen auf einen Jahresdurchschnitt von 23 000 angesiedelten Familien. Laut Angaben der Landpastorale CPT wurden allein im Jahr 2004 aufgrund der aggressiven Exportpolitik der Regierung Lula etwa 40 000 Familien von ihrem Land vertrieben oder zwangsgeräumt – also verloren in einem Jahr mehr Familien ihr Land, als im Jahresdurchschnitt durch die Agrarreform zu Land gekommen sind.
Eine Agrarreform in Brasilien und damit Gerechtigkeit für die Menschen auf dem Lande ist offensichtlich in weite Ferne gerückt. Lula habe nun endgültig die Landreform als politisches Ziel hinter sich gelassen, analysiert ... Ariovaldo Umbelino. Die Agrarreformpolitik der Regierung Lula wurde Umbelino zufolge vor allem davon geleitet, nicht in die Hoheitsgebiete des Agrobusiness hineinzuregieren ... Die Ansiedlungen gab es vorrangig in Amazonien – so braucht man nicht wirklich an der Agrarstruktur zu rühren ...“

Kirsten Bredenbeck: Agrarreform in Brasilien: Ernüchternde Zahlen. Unter: www.mstbrasilien.de, Okt. 2011

Real: R$
(Plural: Reais)
seit 1994 die brasilianische Währung
Wechselkurs November 2011:
1 Real = 0,41 Euro-Cent
1 Real = 0,57 US-Cent

7 Charakterisieren Sie anhand von Karte 16 (S. 47) die typischen Merkmale eines agrarischen Großbetriebs in Lateinamerika.

8 Stellen Sie am Beispiel Brasiliens die politischen, ökonomischen und sozialen Aspekte der Landbesitzstrukturen dar.

9 „Ohne Agrarreformen keine Zukunft!“ Beurteilen Sie diesen Slogan.

5.3 Nachhaltigkeitsprobleme der landwirtschaftlichen Nutzung

22 Traditionelle Kaffeeplantage in Costa Rica

23 Kaffeeproduktion in Costa Rica

Nach FAO; http://faostat.fao.org/site/339/default.aspx, Nov. 2011

Jahr	Preis/t (US-$)	Menge (t)	Einnahmen (Mio. US-$)
1978	2690	98549	80,6
1988	2070	144900	118,5
1998	1400	152385	124,6
2008	1067	107341	87,8
2009	1174	91627	107,6

24 Costa Rica: Wirtschaft

Nachhaltiger Kaffeeanbau in Costa Rica

Kaffee, das weltweit meistgehandelte Cash Crop, ist eine tropische Pflanze und wird überwiegend in Plantagen angebaut. Diese großflächigen Monokulturen belasten das Ökosystem der immerfeuchten Tropen stark: Die Flächen in den Regenwaldgebieten müssen zuerst gerodet werden, danach erfolgt eine äußerst einseitige Nutzung der ohnehin labilen Böden. Zu den ökologischen Problemen dieser Bewirtschaftungsart kommen soziale. Die Plantagen werden in aller Regel von Großgrundbesitzern oder internationalen Unternehmen betrieben und der Großteil der Beschäftigten sind unterbezahlte Landarbeiter oder Tagelöhner.

Zu den bedeutenden Ländern des Kaffeeanbaus gehört Costa Rica. Besonders das zentrale Hochland bietet hervorragende Voraussetzungen. Die nach Süden geneigten Hänge werden morgens von der Sonne beschienen und liegen nachmittags im Nebel, der zusammen mit den tropischen Regenschauern genügend Feuchtigkeit liefert. Ein weiterer Gunstfaktor sind hier die fruchtbaren vulkanischen Böden.

25 Bedeutung der Landwirtschaft für Costa Rica 2009

Nach CIA World Factbook, Dez. 2010

Anteile am BIP (%)	
Landwirtschaft	6,4
Industrie	22,1
Dienstleistungen	71,5
Beschäftigte nach Sektoren (%)	
Landwirtschaft	14
Industrie	22
Dienstleistungen	64
Export (Mrd. US-$)	8,9
davon Agrarprodukte	1,8
wichtigste Agrarexportgüter (Rangfolge)	
Bananen, Kaffee, Ananas, Melonen	
Hauptabnehmer	
USA, Niederlande, China	

Material
Infoblatt: Kaffee
104112-0502

26 Präambel der Rainforest Alliance

"Agricultural expansion is responsible for 70 percent of global deforestation, and is the single greatest threat to tropical forests. In these biodiversity-rich regions, farms are often responsible for soil erosion, water pollution and wildlife habitat destruction. Rainforest Alliance certification encourages farmers to grow crops and manage ranchlands sustainably. Because our certification system is built on the three pillars of sustainability – environmental protection, social equity and economic viability – and no single pillar can support long-term success on its own, we help farmers improve in all three areas.
By choosing Rainforest Alliance Certified™ agricultural products, you can support farmers and farm workers worldwide who are working to improve their livelihoods and those of their families while protecting the planet."
www.rainforestalliance.org/work/agriculture, Feb. 2011

27 Ökologisch orientierter Kaffeeanbau in Costa Rica

28 Farmer auf einer ökologisch orientierten Kaffeefarm

Aufgrund der ökologischen und sozialen Probleme beim konventionellen Plantagenanbau sucht man nach alternativen Nutzungsformen. In Costa Rica ist vor allem die Rainforest Alliance tätig, um ein nachhaltiges Wirtschaften zu fördern.
Die Kaffeefarmen sind hier eingebunden in ein Netzwerk von Herstellern, Vermarktern und Verbrauchern. Wichtigstes Ziel ist die Schonung des Geoökosystems Tropischer Regenwald, verbunden mit einer Verbesserung der sozialen Strukturen. Vor diesem Hintergrund werden Plantagen gefördert, die die Monokulturen durch sogenannte „Kaffeewälder" ersetzen. In Anlehnung an den natürlichen Stockwerkbau des Regenwaldes bestehen diese aus unterschiedlichen Pflanzen: nicht gerodeten Bäumen, Fruchtbäumen, Bananenstauden, Gehölzen etc. Dadurch wird versucht, die Artenvielfalt der Flora und Fauna bei gleichzeitiger Schonung des Bodens und differenzierter Nährstoffentnahme zu erhalten. So gewinnt man in diesen „Kaffeewäldern" neben dem Hauptprodukt z. B. auch Feuerholz, Baumaterial, Heilpflanzen, Obst oder Blumen. Im Sinne des Nachhaltigkeitsbegriffes versucht man darüber hinaus, die Lebensumstände der Familien auf den Farmen zu verbessern, z. B. durch einen Aufkauf der Ernte zu gesicherten Preisen.

10 Stellen Sie anhand der Landwirtschaft Costa Ricas die Notwendigkeit von Eingriffen in den tropischen Regenwald dar.
11 Erläutern Sie die Vorteile eines nachhaltigen Kaffeeanbaus im Vergleich zur Plantagenwirtschaft.

6 Städte Lateinamerikas – Brennpunkte der Entwicklung

Der zentrale Platz mit Kathedrale und kolonialzeitlichen Prachtbauten, exotisches Grün der Parkanlagen und geschäftiges Treiben oder Flanieren von Einheimischen, in den anschließenden Straßen im Schachbrettgrundriss weitere Repräsentativbauten aus der Kolonialzeit – das ist es, was die meisten Touristen in den Städten Lateinamerikas suchen, fotografieren und als Impression mitnehmen. Nur selten verirren sie sich in Stadtteile außerhalb des Zentrums. Auch die „Local Guides“ scheuen sich in der Regel davor, ihre Touristengruppen mal in ein traditionelles oder neues Industrieviertel, in ein „Barrio Cerrado“ (Gated Community) oder gar in eine Marginalsiedlung zu führen.

Hier wie auch im Zentrum würden die Touristen sehr schnell feststellen, dass sich das Erscheinungsbild der traditionellen lateinamerikanischen Stadt sehr rasch und tiefgreifend ändert. Auf dem Foto 1 ist deutlich erkennbar, wie die „Moderne“, die Geschäfts- und Finanzwelt, in Form überdimensionierter Glaspaläste in die kolonialzeitliche Postkartenidylle einbricht.
Dieser Wandel, der sich bereits seit der zweiten Hälfte des 19. Jh. abzeichnet, hat sich unter dem Einfluss der dynamischen Verstädterung und der Globalisierung in den letzten Jahrzehnten enorm verstärkt. Mit der Ausbreitung des informellen Sektors geht eine immer stärkere soziale Segregation und Fragmentierung einher. Gefragt sind Konzepte einer nachhaltigen Stadtentwicklung.

1 Plaza de Armas – Hauptplatz von Santiago de Chile

Kompetenzen erwerben:
- Entstehungsbedingungen und charakteristische Merkmale des lateinamerikanischen Stadttyps beschreiben,
- aktuelle Entwicklungen der lateinamerikanischen Stadt darstellen und in ihren Folgen beurteilen,
- Verstädterung und Megapolisierung in Lateinamerika analysieren,
- charakteristische Merkmale von Slums und Marginalsiedlungen herausarbeiten,
- Funktionen von Slums und Perspektiven ihrer Bewohner erörtern,
- Ansätze einer nachhaltigen Stadtentwicklung erklären und ihre Wirkungen beurteilen.

Die lateinamerikanische Stadt – ein eigener Stadttyp

2 Historische Rahmenbedingungen

„Lateinamerika ist ein vergleichsweise homogener Kulturraum, was sich auch in der Stadtstruktur und Stadtentwicklung widerspiegelt. Die koloniale Überprägung durch die beiden iberischen Mächte Spanien und Portugal war so stark, dass die indianische Tradition selbst in den Hochkulturregionen weitgehend zurückgedrängt wurde. Für die Städte gilt das in besonderem Maße. Sie wurden von den Kolonialherren gewissermaßen ‚aus dem Nichts' gegründet und knüpften in den seltensten Fällen an Vorläufersiedlungen an. Spaniern wie Portugiesen dienten sie zur Absicherung ihrer politischen und wirtschaftlichen Interessen und als Ausgangspunkt der Besitzergreifung eines ausgedehnten Hinterlandes. Selbst in den Zentren der Hochkulturen sind die dort bestehenden Städte nicht weiterentwickelt und ausgebaut worden, sondern sie wurden zerstört und unter teilweiser Beibehaltung des Straßenverlaufs neu errichtet. Dadurch sollte der vollständige Bruch mit der Vergangenheit dokumentiert werden. Die bekanntesten Beispiele dafür sind Mexiko-Tenochtitlán und Cuzco.

Die Kolonialstädte waren in Aufriss und innerer Gliederung verhältnismäßig einheitlich, auch wenn es verbindliche Bauvorschriften erst seit 1573 und selbst das nur für den spanischen Bereich gab. Der weitreichendste Unterschied zwischen Spaniern und Portugiesen betrifft die Standortwahl. Während die Spanier ihre ‚Haupt'-Städte als Symbol ihrer politischen, militärischen und kirchlichen Macht vor allem dort gründeten, wo sich die Mittelpunkte indianischer Reiche befanden und damit kontinentale Ortslagen bevorzugten, entstanden die bedeutendsten portugiesischen Städte als Handelsniederlassungen und Plantagenzentren entlang der Küste."

Jürgen Bähr / Ulrich Jürgens: Stadtgeographie II. Regionale Stadtgeographie. Braunschweig: Westermann 2009, S. 282–283

3 Idealplan der spanischen Kolonialstadt in Lateinamerika

Bähr / Jürgens: A. a. O., S. 285

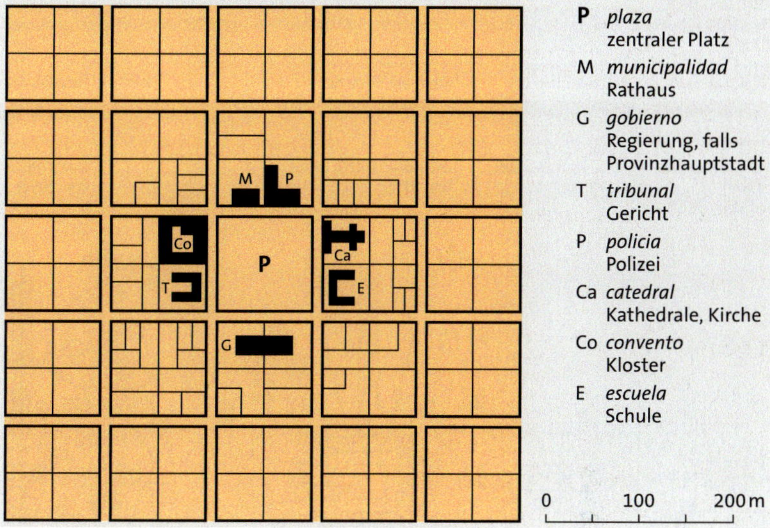

4 Grundstrukturen

„Die ‚plaza de armas' [bildet] den Mittelpunkt der Stadt ... Die spanischen Konquistadoren kamen als Eroberer in die neue Welt, sie wollten das Land dauer- und flächenhaft okkupieren und die spanische Macht fest installieren. Der Platz entsprach diesen Intentionen am eindeutigsten [Foto 1 und Grafik 3].

Der zentrale Platz bestimmt dann auch die Ausrichtung und Größe des schematischen Grundrisses in Form des nach außen offenen Schachbretts. Eine Ummauerung war wegen der ‚Befriedung' des Hinterlandes und des fehlenden Stadtrechts nicht notwendig. In dieser Form gleichen sich die kolonialen Städte wie ein Ei dem anderen. Der spanische Verwaltungsbeamte konnte sich darin zurechtfinden wie ein Finanzbeamter in seinen Aktenschränken. So war die Funktion dieser Städte auch die von Verwaltungssitzen der spanischen Oberhoheit. Der Handel spielte eine untergeordnete Rolle, so dass sich die Markthalle auch eher peripher am Rande der Oberschichtviertel anordnete. Die räumliche Sozialgliederung wurde dann auch durch ein klares Kern-Rand-Gefälle gekennzeichnet."

Axel Borsdorf / Oliver Bender: Allgemeine Siedlungsgeographie. Wien, Köln, Weimar: Böhlau Verlag 2010, S. 334

6.1 Die lateinamerikanische Stadt im Wandel

5 Modell der lateinamerikanischen Stadtentwicklung

Nach Axel Borsdorf: Das Ende der Stadt in Lateinamerika? In: Mitteilungen der Österreichischen Geographischen Gesellschaft, 50. Jg., H. 4/2006, S. 245

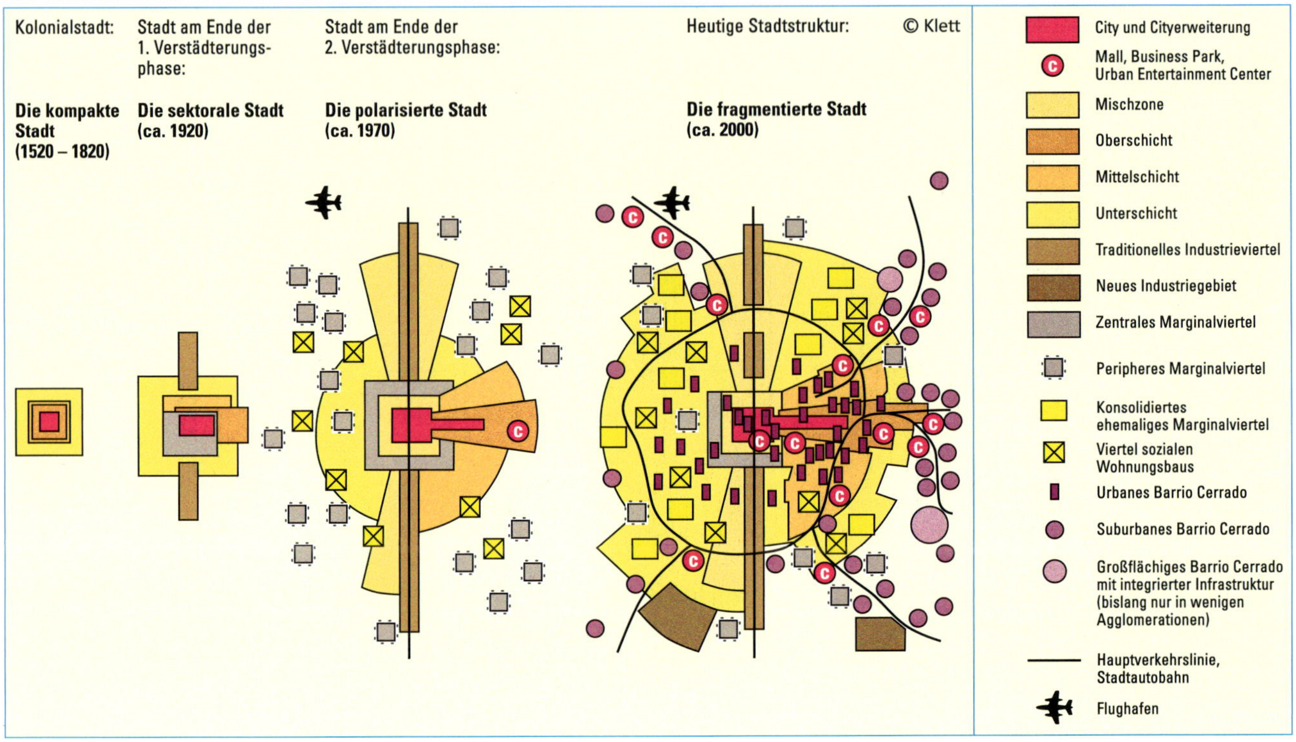

Exklusion
wörtlich Ausschluss (von lat. exclusio); beschreibt im stadtgeographischen Sinn die Ausgrenzung bestimmter Bevölkerungsgruppen aus Stadtvierteln, in denen die Bewohner unter sich, d. h. „exklusiv" bleiben möchten.

6 Von der bipolaren zur fragmentierten Stadt

„Es ist augenfällig, dass die großräumige Bipolarität zwischen einer ‚reichen' und der ‚armen Stadt' sich zunehmend auf ein filigranes Muster reicher und armer Zellen im Stadtgebiet verlagert ... Der Kontrast zwischen arm und reich wird durch hohe Mauern, Zäune und streng bewachte Eingänge zu den einzelnen Vierteln akzentuiert, die... die sicheren Territorien der Reichen vor den Sturmfluten der Armen schützen sollen. Da zugleich auch ... Hypermärkte, Malls, Fachmärkte, aber auch Bürohausquartiere von ihrer bisherigen Orientierung an der ‚reichen Stadt' ablassen und sich scheinbar regellos über das Stadtgebiet verteilen, ist die Fragmentierung das wichtigste Kennzeichen der neueren Stadtentwicklung [Modell 5].

Diese Fragmentierung geht mit der zunehmenden Exklusion nicht nur der höheren Sozialschichten einher. Die Tendenz zur Privatisierung öffentlichen Raums, herbeigeführt durch die Abschottung von Wohnvierteln durch Sicherungsinfrastrukturen, hat längst auch die Quartiere der Mittelschicht, der Unterschicht unter Einschluss des sozialen Wohnbaus und selbst der Marginalschicht erreicht. Öffentliche Straßen werden nachträglich abgesperrt, bestehende Viertel umzäunt, neue Wohngebiete ... fast ausnahmslos nur noch als ‚Barrios Cerrados' [eingefriedete Wohnbezirke] angelegt."

Axel Borsdorf: Lateinamerika – Globalisierung und Stadtentwicklung. In: Politisches Lernen 3-4, 2008

Material
Geographischer Stadtbegriff
104112-0602

Material
Infoblatt: Die lateinamerikanische Stadt
104112-0603

7 Das Ende der lateinamerikanischen Stadt?

„In einigen Städten Lateinamerikas sind in den letzten Jahren geschlossene städtebauliche Komplexe entstanden, die die übliche Größe von Barrios Cerrados bei weitem übersteigen und als ummauerte Städte – Ciudades Valladas – bezeichnet werden können. Solche Einheiten erreichen nicht selten Einwohnerzahlen von 50 000 Menschen und mehr. Alphaville in São Paulo war die erste dieser Anlagen, gefolgt von Nordelta in Buenos Aires ... Misst man die neuen Ciudades Valladas an den Kriterien der ... Stadtdefinition, so erfüllen die Megaprojekte lediglich die Kriterien Dichte und Größe. Als reine Wohnghettos sind sie monofunktional, wenn darin Dienste angeboten werden, dann nur für die Bewohner selbst, weil Außenstehende gar keinen Zutritt haben. Ein Bedeutungsüberschuss kann auf diese Weise gar nicht entstehen. Tätigkeiten des Sekundären Sektors werden nicht zugelassen und ‚städtisches Leben' entfaltet sich nicht oder nur in kleinen Ansätzen, weil dieses sogar als störend empfunden wird ...
Vor allem aber fehlt es den Großanlagen ... an der normalen sozialen Durchmischung einer Stadt. Nicht nur die Einkommensstruktur ist recht eng auf die jeweils angesprochene spezifische Bevölkerungsschicht zugeschnitten, auch das Berufsspektrum bleibt dann relativ klein. Die Mindestpreise der Immobilien verhindern jede Art sozialer Durchmischung ...
Indem wichtige Funktionen der Stadt, wie die Zugänglichkeit, die öffentliche Nutzung von Straßen, Geschäften, Schulen und anderen Diensten außer Kraft gesetzt werden, erweisen sich die neuen Entwicklungen als Gegenmodell zur traditionellen Stadt. Es bleibt zu fragen, ob sie als solche auf Dauer lebensfähig bleiben. In Lateinamerika gilt es als Binsenweisheit, dass der Reiche nicht ohne den Armen leben kann, auf dessen (niedere) Dienstleistungen er angewiesen ist."

Axel Borsdorf / Martin Coy: Megacities und Globaler Wandel. Beispiele aus Lateinamerika. In: Technikfolgenabschätzung – Theorie und Praxis Nr. 1, 18. Jg., 2009, S. 24–25

8 Einfahrt in eine Ciudad Vallada: bewachte privatisierte Wohnanlage
Selbst die Verkehrswege sind teilweise nur für die Bewohner reserviert wie hier die Autoroute Pie Andino in Santiago de Chile, die die neuen Städte mit den Bürovierteln verbindet.

1 Arbeiten Sie aus den Materialien auf S. 52 / 53 wesentliche Merkmale der traditionellen lateinamerikanischen Stadt heraus.
2 Erklären Sie, wie sich die Funktionen dieses Stadttyps in dessen Grundstrukturen niederschlagen.
3 Stellen Sie anhand des Modells 5 die Stadtentwicklung in der postkolonialen Phase dar.
4 Erläutern Sie die Begriffe „polarisierte" und „fragmentierte Stadt".
5 Analysieren Sie die Materialien auf dieser Seite im Hinblick auf wesentliche Merkmale und Probleme von „Ciudades Valladas".
6 Vergleichen Sie die Merkmale von „Ciudades Valladas" mit dem geographischen Stadtbegriff (Online-Link).
7 Erörtern Sie die Frage, ob mit der Entstehung von „Barrios Cerrados" und „Ciudades Valladas" das „Ende der lateinamerikanischen Stadt" eingeleitet wird.

6.2 Verstädterung und Metropolisierung

9 Verstädterungsgrad 2010 und Wirtschaftskraft 2009

nach UNFPA, Bevölkerungsfonds der Vereinten Nationen: Weltbevölkerungsbericht 2010. Kurzfassung; S. 49 ff.; sowie Deutsche Stiftung Weltbevölkerung (Hrsg.): Datenreport 2011. Hannover 2011, S. 6 ff.

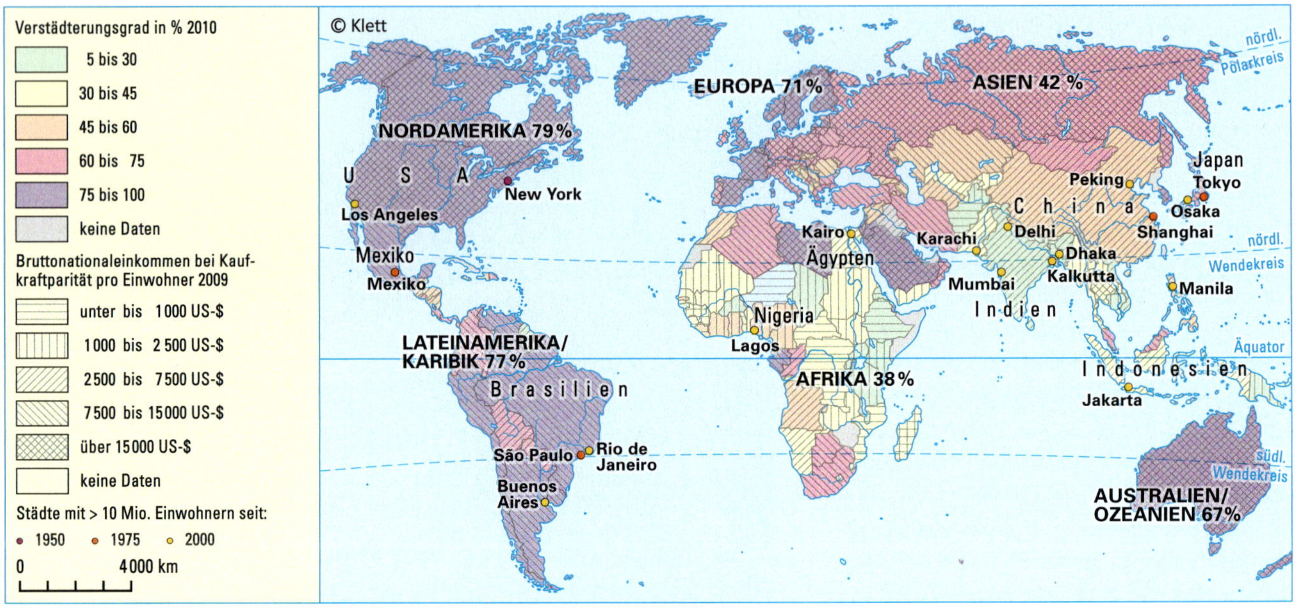

Verstädterung kennzeichnet die Vermehrung, Vergrößerung und Ausdehnung von Städten nach Zahl, Fläche oder Einwohnern. Der Begriff erfasst also quantifizierbare Faktoren, während „Urbanisierung“ mehr im qualitativen Sinn auch Ausbreitungs- und Diffusionsprozesse städtischer Lebens-, Wirtschafts- und Verhaltensweisen einschließt. Beide Ausdrücke werden aber häufig synonym verwendet.

10 Verstädterungsprozess in Lateinamerika

„Lateinamerika hat im 20. Jahrhundert eine rapide Verstädterung erlebt ... Diese Entwicklung wurde vor allem durch massive Landflucht, in geringerem Ausmaß durch Zuwanderung aus dem Ausland vorangetrieben ... Kulturell und vor allem ‚mental‘ war Lateinamerika jedoch bereits seit Beginn der Kolonialzeit ein Raum, in dem die Städte eine übermächtige Bedeutung hatten. Alle Entwicklungsprozesse nahmen dort ihren Anfang, das ‚flache Land‘ dagegen verharrte über fünf Jahrhunderte in der Erstarrung, die auf die Latifundien [Großgrundbesitz] einerseits und die Zersplitterung in Minifundien [Kleinbesitz] andererseits zurückgeführt werden kann. Verhinderten auf der einen Seite rentenkapitalistische Systeme Wachstum und Dynamik, so waren es auf der anderen Seite die zu kleinen Betriebsgrößen und die mangelnde Ausbildung der Landbevölkerung. Lateinamerika war somit am Ende des 20. Jahrhunderts nicht nur hinsichtlich seines Verstädterungsgrades ..., sondern vor allem aufgrund seiner ‚Urbanisierung‘ ... weltweit am weitesten fortgeschritten ... Die urbane Tradition [ist] in Raum und Gesellschaft aller lateinamerikanischen Staaten dominant. Sie begann in der Kolonialzeit, als der von der Krone belehnte encomendero seinen Wohnsitz in der Stadt zu nehmen hatte, und setzte sich ungebrochen fort, als im 20. Jahrhundert die Städte zum Ziel aller Sehnsucht der geknechteten Landbevölkerung wurden. Dies mündete in eine Landfluchtbewegung, die in dieser Form, Größenordnung und Geschwindigkeit bislang einmalig geblieben ist.“

Axel Borsdorf: Lateinamerika – Globalisierung und Stadtentwicklung. In: Politisches Lernen 3-4. 2008

Surftipp
Megastädte
104112-0604

Material
Verstädterung in den Entwicklungsländern
104112-0605

11 Metropolen 2015

Frauke Kraas: Globalisierungs- und Marginalisierungsprozesse in Megastädten. In: Praxis Geographie 39, 2009. H. 7-8, S. 4–5

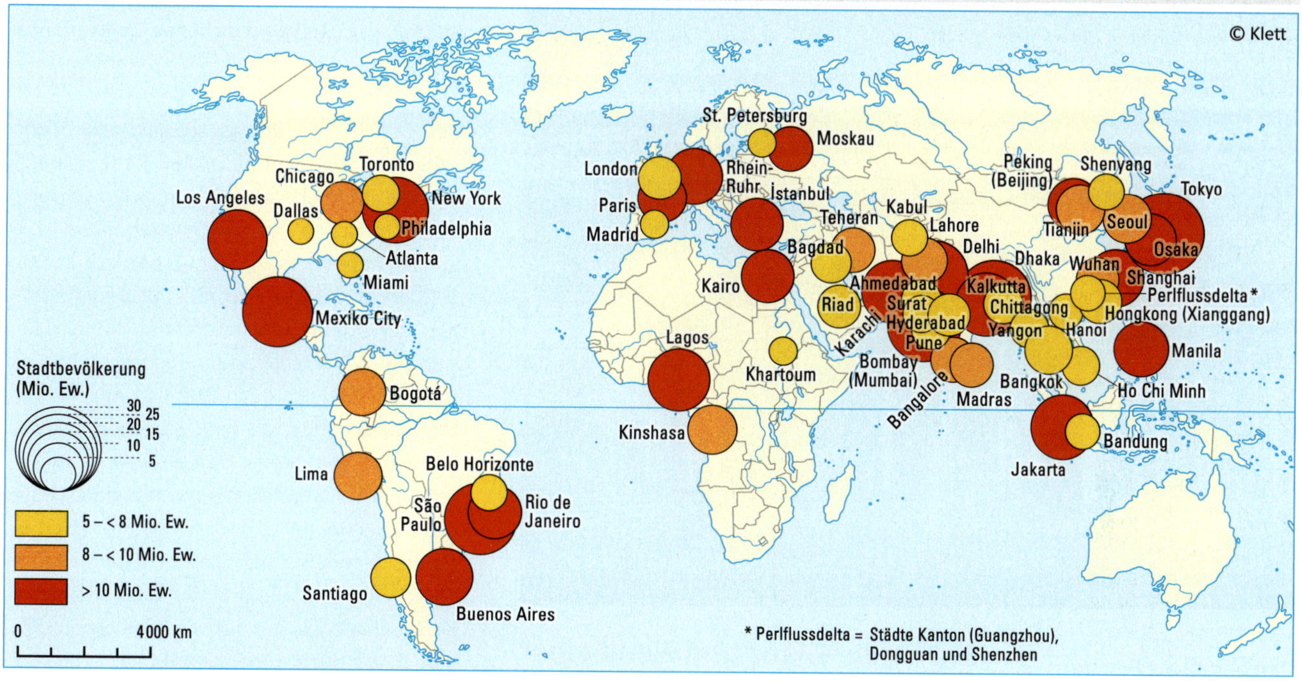

12 Ursachen der Megapolisierung

„Immer mehr Menschen, vor allem in Entwicklungs- und Schwellenländern, leben in Megastädten, [hier definiert als] Metropolen mit mehr als fünf Millionen Einwohnern. Schätzungen zufolge dürfte ihre Zahl bis 2015 auf über 600 Millionen Menschen in dann mehr als 600 Megastädten ansteigen – mit regionaler Konzentration in Asien [Karte 11]. Neben den Einzelstädten entwickeln sich zudem mehrkernige megaurbane Regionen und Siedlungskorridore, zu denen z. B. das Rhein-Ruhrgebiet ebenso zählt wie das Perlflussdelta in Südchina ...

Für die Entstehung und Intensivierung des vergleichsweise jungen Phänomens weltweiter Mega-Urbanisierung sind drei ineinandergreifende Ursachenkomplexe verantwortlich zu machen, die mit massiven globalen Veränderungen zusammenhängen:

- Zum einen stehen Mega-Urbanisierungsprozesse im Kontext der allgemeinen weltweiten Urbanisierung ...
- Zum andern führt wirtschaftliche Transformation – vor allem in Asien ausgelöst durch den Übergang vormaliger Zentralverwaltungs- zu Marktwirtschaften – zu einer bisher ungekannten Entfaltung (mega-)urbaner Ökonomien. Diese benötigen kurz- und mittelfristig enorme Arbeitskräfte aller Qualifikationsstufen, wodurch nationale und internationale Zuwanderung in die Megastädte beschleunigt wird.
- Mit der globalen Verlagerung von Produktions-, Dienstleistungs- und Finanzstandorten in Metropolen der Entwicklungs- und Schwellenländer ... treten privatwirtschaftliche Entscheidungen transnationaler Akteure ... in den Vordergrund. Diese bestimmen die Entwicklung global miteinander um die Ansiedlung von ‚Leitunternehmen' konkurrierender Megastädte wesentlich mit."

Frauke Kraas: a. a. O.

13 São Paulo: Glanz einer Metropole

Demografische Primacy bezeichnet das bevölkerungsmäßige Übergewicht einer Metropole. Ihr Indikator ist der prozentuale Anteil der Metropole an der Gesamtbevölkerung eines Landes.

Funktionale Primacy kennzeichnet die hohe Konzentration von politisch-administrativen, wirtschaftlichen, sozialen sowie kulturell-wissenschaftlichen Funktionen und insbesondere auch von Macht- bzw. Entscheidungsträgern in der jeweiligen Metropole eines Landes.

São Paulo: Glanz und Elend einer Metropole

Hätten Sie es gewusst: Welches ist der größte deutsche Industriestandort außerhalb der Bundesrepublik? – Es ist São Paulo. Hier haben sich fast 1000 Betriebe aus Deutschland angesiedelt. Die Attraktivität der 70 Kilometer westlich der Hafenstadt Santos gelegenen Agglomeration São Paulo ist so stark, dass hier zahlreiche Industrieunternehmen aus dem In- und Ausland Produktionsstätten errichtet haben. Der Sekundäre Sektor ist demzufolge ein wichtiges Standbein der Wirtschaft in diesem Raum.

São Paulo ist heute das ökonomische Zentrum Brasiliens. Hier wird ein Drittel der gesamten Wirtschaftsleistung erbracht. Zahlreiche multinationale Unternehmen haben ihren Sitz in der Stadt. Ihre Bürotürme und Hochhäuser beherrschen das Stadtbild. São Paulo gilt auch als das kulturelle Zentrum Brasiliens.

Als Hauptstadt des Landes ist die **Metropole** São Paulo aber nie in Betracht gekommen. Das ist um so erstaunlicher, als der brasilianische Regierungssitz mehrfach gewechselt hat – von Salvador da Bahia nach Rio de Janeiro und schließlich 1960 nach Brasília.

14 **Aufstieg zur Metropole**

„Um die Jahrhundertwende [vom 19. zum 20. Jh.] war São Paulo nicht nur Zentrum des größten brasilianischen Kaffee-Anbaugebietes. Aufgrund der günstigen Verkehrslage und des gesünderen Klimas steuerte die Stadt sehr bald auch den gesamten Kaffeeexport, und die ‚Kaffeebarone' ließen sich ... unweit des historischen Zentrums nieder.

Ein zweiter Wachstumsschub erfolgte in den 1930er- und 1940er-Jahren mit den Anfängen der importsubstituierenden Industrialisierung. Wie alle lateinamerikanischen Staaten bemühte sich auch Brasilien nach ... der Weltwirtschaftskrise, eine eigene Industrie, geschützt von hohen Zollschranken, aufzubauen. Eine Kapitalakkumulation als Folge des Kaffeebooms ... und ein gut funktionierendes Handels- und Bankensystem waren entscheidende Gründe dafür, dass sich gerade São Paulo als Standort für eine eigenständige Industrieentwicklung anbot ...

Der einmal eingeleitete Industrialisierungsprozess wirkte selbstverstärkend. Es war daher kein Wunder, dass São Paulo auch von der vermehrt auf Exporte ausgerichteten Industrialisierungspolitik der Militärregierung seit den 1960er-Jahren am stärksten profitierte. Jetzt wurde der Großraum zu einem Magneten des Auslandskapitals und zum führenden brasilianischen Standort im Fahrzeugbau, der elektrischen und pharmazeutischen Industrie ...

[Das] ging mit einem starken Anstieg der Einwohnerzahlen einher ... Getragen wurde das demografische Wachstum zunächst überwiegend von Wanderungen. Insbesondere aus dem ‚Armenhaus' Brasiliens, dem Nordosten, strömten viele Menschen in den industrialisierten Südosten ... Die außergewöhnlich starke Zuwanderung armer Bevölkerungsschichten einerseits und die zunehmende Konzentration führender Unternehmen des Industrie-, Handels- und Dienstleistungssektors andererseits haben zur Verschärfung der sozialen Gegensätze beigetragen."

Jürgen Bähr / Ulrich Jürgens: Stadtgeographie II. Regionale Stadtgeographie. A. a. O., S. 294–295

15 Bevölkerungsentwicklung seit 1950 (in Mio.)

Sonja Ernst: São Paulo – Motor der brasilianischen Wirtschaft. In: Bundeszentrale für politische Bildung (Hrsg.): Dossier Megastädte: São Paulo. 2006

Jahr	Agglomeration São Paulo	Brasilien
1950	2,33	54
1960	3,97	73
1970	7,62	96
1980	12,09	122
1990	14,78	149
2000	17,10	174
2005	18,33	186
2010	19,58	198
2015	20,54	209

2015: Prognose

16 Sozialräumliche Stadtgliederung

„Im Stadtbild manifestiert sich die soziale Polarisierung im Gegensatz zwischen den Wohnvierteln der Oberschicht, die nach wie vor vorwiegend in Zentrumsnähe liegen, und den verschiedenen Typen der Unterschichtviertel, die heute vor allem die Peripherie bestimmen ... Wenn dennoch einzelne Oberschichtviertel in jüngerer Zeit außerhalb des geschlossenen Siedlungskerns entstanden sind, so hat das in erster Linie mit Sicherheitsproblemen zu tun. Gated Communities sind auf der ‚grünen Wiese' leichter zu realisieren ... Seit den 1980er-Jahren sind solche Projekte überall in Brasilien auf dem Vormarsch ... Teilweise handelt es sich um reine Wohngebiete (sowohl in Form von luxuriösen Apartments als auch von Einfamilienhäusern), häufig mit Freizeiteinrichtungen verbunden, teilweise treten ergänzend Einzelhandels-, Büro- und Dienstleistungsfunktionen hinzu ...

Die zugangskontrollierten Enklaven entwickeln sich zu ‚exterritorialen Räumen', die sich weitgehend der öffentlichen Kontrolle entziehen ... Nicht selten grenzen gut bewachte Apartment-Hochhäuser unmittelbar an Favelas."

Jürgen Bähr / Ulrich Jürgens: Stadtgeographie II. A. a. O., S. 295–296

17 São Paulo: Luftverschmutzung

18 Ökologische Probleme

„Wie fast alle Megastädte hat São Paulo mit ökologischen Problemen zu kämpfen. Die Luftverschmutzung ist extrem hoch. Außer der Luft sind auch die Flüsse der Stadt stark verschmutzt. Weil ein großer Teil des Stadtgebietes bebaut ist und die Böden versiegelt sind, kommt es in der Regenzeit zu Beginn des Jahres regelmäßig zu Überschwemmungen. Das verschmutzte Wasser der Flüsse Rio Tietê und Rio Pinheiros flutet dann in die Wohngebiete, so dass das Alltagsleben stark eingeschränkt ist: Die Verkehrswege sind unbrauchbar, und der Gestank ungeklärter Abwässer von Industrie und Privathaushalten durchdringt die Luft."

Sonja Ernst: São Paulo. A. a. O.

8 Beschreiben Sie die in Foto 1 (S. 6)dargestellte Wohnsituation.

9 Arbeiten Sie Gunstfaktoren für den Aufstieg São Paulos zur Metropole heraus.

10 Vergleichen Sie die demografische und funktionale Primacy von São Paulo mit der von Berlin (Internetrecherche).

11 Erklären Sie mithilfe Ihrer Erkenntnisse aus Kapitel 6.1 Grundzüge der sozialräumlichen Struktur von São Paulo.

6.3 Slums und Marginalsiedlungen

19 Rettung eines VW Käfer bei Krawallen in einem Slum in São Paulo

Die Land-Stadt-Wanderung und das rapide Bevölkerungswachstum der Städte stellt die Behörden vor Probleme, die sie kaum bewältigen können. Das würden selbst europäische Metropolen nicht schaffen. Nehmen wir an, die Großstädte in Europa würden gegenwärtig genauso rasch wachsen wie die Megastädte in Entwicklungsländern. Dann müsste z. B. Berlin jährlich mehr als 150 000 Einwohner zusätzlich aufnehmen und versorgen, Hamburg oder Wien mehr als 80 000.

Wie in den meisten Entwicklungsländern kann auch in vielen Groß- und Megastädten Lateinamerikas der Bedarf an Wohnraum für die Zuwanderer nicht auf formalem, legalen Weg befriedigt werden. Deshalb entstehen immer wieder illegal errichtete Behausungen in sogenannten **Marginalsiedlungen**.

20 Eine Meldung vom 25. August 2009: Krawalle in einer Favela bei São Paulo

„Mit Tränengas und Blendgranaten hat die Polizei in São Paulo (Brasilien) ein illegal errichtetes Armenviertel geräumt.

Dabei kam es nach Behördenangaben am Montag zu Auseinandersetzungen mit etwa 200 Bewohnern der Favela, die sich der Räumung widersetzten. Sie schleuderten Steine und Brandsätze auf die Beamten. Ein Polizist wurde verletzt, drei Demonstranten wurden festgenommen. Die Bewohner setzten Hütten, Müll und Autos in dem Slum in Brand. Das Gelände, auf dem die Favela im Süden der brasilianischen Metropole errichtet wurde, gehört einem örtlichen Busunternehmen.“

dapd: Krawalle in Favela bei São Paulo. 20 Minuten Online; unter www.20min.ch/news/kreuz_und_quer/story/21200899, März 2012

Warum sind die Krawalle in einem Slum in São Paulo einer deutschen Nachrichtenagentur (dapd) eine Meldung wert? Worum ging es bei diesen Krawallen? Wie müssten die Verantwortlichen im Sinne einer nachhaltigen Stadtentwicklungspolitik reagieren?

21 Marginalsiedlungen: Begriffsklärung

„Slums sind Viertel in den Innenstädten, die vormals von wohlhabenderen Bevölkerungsgruppen bewohnt waren. Diese sind später wegen des verschlechterten Wohnumfeldes im Zentrum in landschaftlich und ökologisch attraktivere Viertel umgezogen. Slums sind gekennzeichnet durch heruntergekommene Bausubstanz, Verwahrlosung, hohe Wohndichten und häufig ein hohes Maß an sozialem Verfall (Kriminalität, Prostitution, Drogenkonsum).

Nur ein Bruchteil der Zuwanderer kommt in den Slums unter. Den meisten bleibt nur der Ausweg, sich außerhalb des Zentrums eine Unterkunft zu bauen. Vielfach geschieht dies spontan und ohne rechtliche Erlaubnis der Behörden oder des Landeigentümers. Diese als Squatter- oder Marginalsiedlungen bezeichneten Viertel befinden sich zumeist am Rande der Stadt. Sie finden sich aber auch in zentrumsnahen Bereichen (Nähe zu einem möglichen Arbeitsplatz) bzw. entlang von Bahndämmen, Flussufern, an Hängen oder in versumpften Gebieten.“

Arno Kreus / Norbert von der Ruhren (Hrsg.): Städtische Räume im Wandel. Gotha und Stuttgart: Klett-Perthes Verlag 2005, S. 68

Material
Favela Rocinha (Rio de Janeiro)
104112-0606

22 São Paulo: Cortiços und Favelas

„Die andere Seite der sozialräumlichen Stadtgliederung [neben den Oberschichtvierteln] wird von den Cortiços und Favelas bestimmt. Unter Cortiços (= Bienenstöcke) versteht man degradierte Massenunterkünfte in der Innenstadt, während Favela als Sammelbezeichnung für illegale bzw. halblegale Hüttenviertel verwendet wird. Cortiços entstanden in São Paulo bereits während der Industrialisierungsphase zur Unterbringung von Arbeitern und Tagelöhnern. Zu diesem Zweck wurden von der Mittel- und Oberschicht verlassene Wohnungen unterteilt und zimmerweise vermietet. Sanitäreinrichtungen und Küche mussten sich alle auf einem Stockwerk wohnenden Familien teilen ... Auf die zentralen Stadtteile konzentriert sich auch die População da Rua, d.h. Obdachlose und Straßenkinder.

Den größten Teil der Unterschichtbevölkerung nehmen heute die Favelas auf. Diese liegen vorwiegend an der Peripherie. Nach groben Schätzungen kann man davon ausgehen, dass etwa ein Viertel der Bewohner des Ballungsraumes in Favelas lebt. In geringerer Zahl sind Favelas auch in Innenstädten zu finden, und zwar in der Regel auf Flächen, die eigentlich nicht bebaut werden dürften (Grünanlagen, ... freie Flächen unter Brücken und an steilen Hängen). Die hygienischen Bedingungen ... sind in diesen Vierteln meist noch erheblich problematischer als in peripheren Favelas.

In vielen Hüttenvierteln sind im Laufe der Zeit mittels Selbsthilfe die ersten behelfsmäßigen Unterkünfte in Steinhäuser, oft mit zumindest einem Obergeschoss, umgewandelt worden. Insbesondere dann, wenn die Eigentumsverhältnisse an Grund und Boden geklärt sind, ist ein solcher Aufwertungsprozess zu beobachten. Das obere Stockwerk oder Anbauten werden hauptsächlich zur Vermietung genutzt, wodurch neu zuziehende Migranten eine Bleibe finden."

Jürgen Bähr / Ulrich Jürgens: Stadtgeographie II. Regionale Stadtgeographie. A. a. O., S. 296–297

23 Favela Paraisópolis

24 Paraisópolis – eine Favela in São Paulo

„Paraisópolis is the second largest favela in SP, holding a population of 80 000 ... to 100 000. This favela in particular represents an interesting condition – ‚a city within a city' – as it is located within the expanded center ... (something uncommon for SP, most of its favelas located in its peripheries). Paraisopólis has a hospital (Albert Einstein), schools, ... 3 formal bus lines in the major streets, etc. In addition, the favela was built on private land, with existing street delineations, and lot subdivisions (normally, informal settlements tend to grow in public and not private land since it is easier for settlers to secure their homes and not get kicked out of the land). As a result, the settlement grew within delineated blocks, respecting the major streets/access ways already present. In this sense, Paraisópolis represents an easier upgrading situation (with regards to basic infrastructure) than the usual Brazilian favela, even though the topography is still quite abrupt, holding large hills and very low areas with high risks of landslides and floods."

Adriana Navarro Sertich: Favela Chic – Paraisópolis. In: FAVELissues vom 16.03.2010, unter http://favelissues.com/2010/03/16/favela-chic-paraisopolis, März 2012

25 Motorrad-Taxi in Rio de Janeiro

Marginalisierung und informeller Sektor

26 Informeller Sektor als Überlebensstrategie

„Die Großstädte der Entwicklungsländer können die Hoffnungen der Neuankömmlinge oft nicht erfüllen. Die Aufnahmefähigkeit der lokalen Industrie und des Tertiären Sektors reicht nicht aus, um den Massen der Zuwanderer Arbeit zu bieten. Die meisten suchen deshalb ein Auskommen im informellen Sektor ... Als informell bezeichnet man jene wirtschaftlichen Tätigkeiten, die keinem geregelten Arbeitsverhältnis unterliegen, von der Steuer nicht erfasst werden und auch keinen sozial- und arbeitsrechtlichen Schutz genießen ... Zum informellen Sektor zählen z. B. Straßenhändler, Rikschafahrer, Müllsammler, ambulante Handwerker .... Derartige Tätigkeiten sind für die ‚Informellen' häufig die einzige Möglichkeit, sich und die eigene Familie zu ernähren."

Arno Kreus / Norbert von der Ruhren (Hrsg.): Fundamente. Stuttgart und Leipzig: Ernst Klett Verlag 2008, S. 328

27 Slums – Leben ohne Hoffnung?

„Der kalifornische Historiker Mike Davis [schreibt] in seinem Buch ‚Planet der Slums' [2006]: ... Die Verstädterung schreite ohne wachsendes Job-Angebot voran. Eine neue Klasse habe sich herausgebildet, schon jetzt mehr als eine Milliarde Menschen stark, die keine Chance haben ... Und diese Entwicklung, prophezeit Davis, bedrohe unsere Zukunft ähnlich wie der Klimawandel. Denn Slums seien zum Beispiel der ideale Nährboden für Seuchen wie SARS, Vogelgrippe oder HIV ...

Doch nicht nur Krankheiten ballten sich in den Slums, sie seien auch Brutstätten einer Gewalt, mit deren Ausbruch über kurz oder lang zu rechnen sei. Die marginalisierte Milliarde der Slumbewohner werde sich ... zur Wehr setzen und die ‚grünen Zonen', die bewachten Wohnsiedlungen des Mittelstandes, angreifen; mit Straßenblockaden, mit Autobomben ...

Doch ist plausibel, was Davis vorhersagt? ... Dort, wo es die Slums gibt, elend genug, ist dies nicht gleichbedeutend mit Arbeitslosigkeit. Ohne Hartz IV, Arbeitslosengeld und Sozialhilfe können es sich die Menschen nicht leisten, ohne Arbeit zu sein. In Dharavi [zum Beispiel], dem Slum im Herzen Mumbais, halten sich die Ärmsten mit dem Recycling des städtischen Mülls über Wasser, andere häuten Tiere und gerben Leder ...

Das beschwerliche Leben im Slum ... ist vor allem eines: eine Investition. Weshalb sonst würde jemand sein Ziegelhaus in einem Dorf mit zwei Mangobäumen davor gegen eine Wellblechhütte neben einer Müllhalde tauschen, wenn er nicht die Hoffnung hätte, dass sein Sohn sich später einmal eine Zweizimmerwohnung am Stadtrand wird leisten können?"

Florian Hanig: Auf Hoffnung gebaut. In: GEO, H. 3, 2008, S. 113–118

12 Charakterisieren Sie mithilfe entsprechender Fachausdrücke „die andere Seite der sozialräumlichen Gliederung" (Text 22, S. 61) von São Paulo.

13 Erklären Sie die Besonderheiten der Favela Paraisópolis.

14 Stellen Sie Merkmale und Bedeutung des informellen Sektors dar.

15 „Slums – Stätten der Hoffnung oder der Hoffnungslosigkeit?" – Erörtern Sie die beiden in Text 27 vorgestellten Positionen.

6.4 Ansätze einer nachhaltigen Stadtentwicklung

28 Folgen der Globalisierung für Groß- und Megastädte

Verändert nach Axel Borsdorf/Martin Coy: Megacities und Globaler Wandel. A. a. O., S. 19

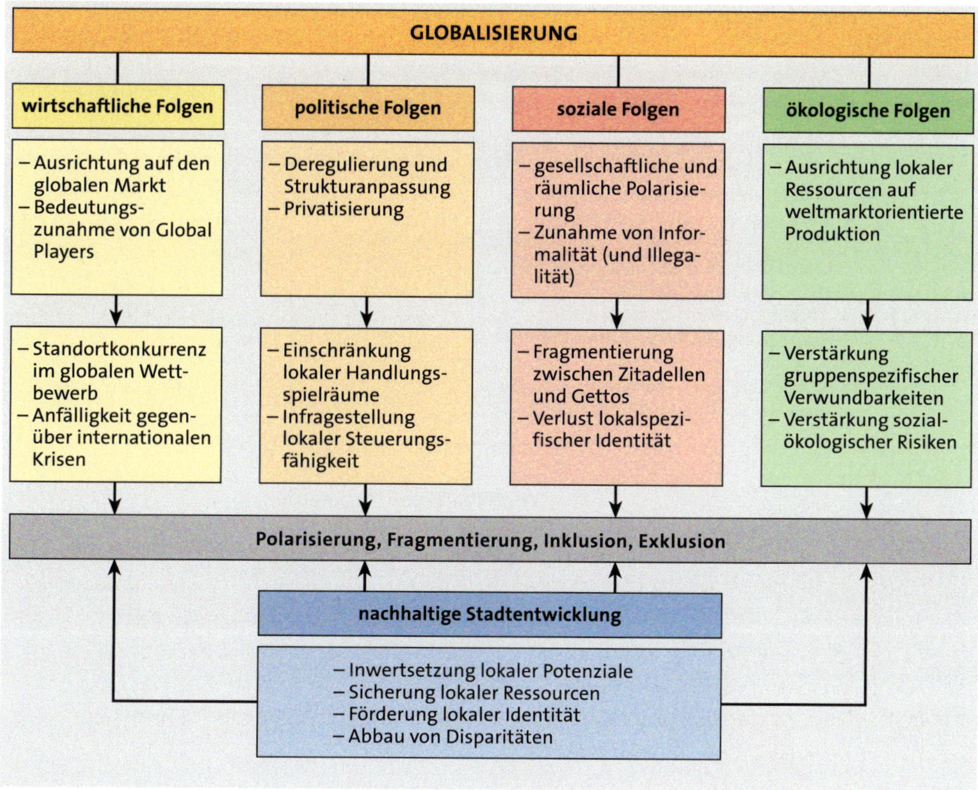

Die vorangegangenen Seiten haben gezeigt, wie sich die urbanen Räume Lateinamerikas durch die dynamische Verstädterung verändert haben. Die fortschreitende **Globalisierung** hat die dabei entstandenen Probleme weiter verschärft. Betroffen sind vor allem die Groß- und Megastädte. Sollen die düsteren Prophezeiungen von Mike Davis (Text 27, S. 62) nicht Wirklichkeit werden, bedarf es gewaltiger Anstrengungen. Gefragt sind Ansätze und Maßnahmen im Sinne einer **nachhaltigen Stadtentwicklung**. Der Gedanke der Nachhaltigkeit war bereits 1992 auf der internationalen „Konferenz für Umwelt und Entwicklung" in Rio de Janeiro propagiert worden. Er wurde zwei Jahre später auf der „Europäischen Konferenz über zukunftsbeständige Städte und Gemeinden" wieder aufgegriffen. Die Teilnehmer unterzeichneten die sogenannte „Charta von Aalborg", die Leitprinzipien einer nachhaltigen Stadtentwicklung vereinbarten. Sie wurden auch für viele Entwicklungsländer zum Orientierungsraster ihrer Stadtplanung.

29 Charta von Aalborg, 1994 (Auszüge)

"We, cities and towns, understand that the idea of sustainable development helps us to base our standard of living on the carrying capacity of nature. We seek to achieve social justice, sustainable economies, and environmental sustainability. Social justice will necessarily have to be based on economic sustainability and equity, which require environmental sustainability ...
We, cities and towns, are aware that the poor are worst affected by environmental problems ... and are least able to solve them. Inequitable distribution of wealth both causes unsustainable behaviour and makes it harder to change. We intend to integrate people's basic social needs as well as healthcare, employment and housing programmes with environmental protection ... We shall ensure that all citizens and interested groups have access to information and are able to participate in local decisionmaking processes."

Charter of European Cities & Towns Towards Sustainability. Unter www.aalborgplus10.dk/default.aspx?m=2&i=371, März 2012

30 Komponenten einer nachhaltigen Stadtentwicklung

Leicht verändert nach Wolfgang Schoop: Nachhaltige Stadtentwicklung. In: Bischöfliches Hilfswerk Misereor (Hrsg.): Nachhaltige Stadtentwicklung, Materialien für die Schule, Nr. 37. Aachen 2006, S. 8

Komponenten einer nachhaltigen Stadtentwicklung

Politische Nachhaltigkeit

- Förderung von demokratischen Strukturen und partizipativen Prozessen
- Beteiligung der Bürger/-innen in Bezug auf
  - lokale Entwicklungspläne
  - Dialogrunden mit Stadtverwaltung
  - partizipative städtische Haushalte
- Soziale Kontrolle (vigilancia social) bei
  - demokratischen Wahlen
  - kommunalen Entscheidungen
  - Umsetzung von Entwicklungsplänen
- Eindämmung von Klientelismus und Korruption sowie Schaffung von Transparenz

Soziale Nachhaltigkeit

- Aufbau von Selbsthilfeorganisationen zu
  - Wohnungsbau und Stadtviertelentwicklung
  - Stärkung von Problemgruppen (Jugendliche, Hausangestellte, Straßenkinder, Behinderte etc.)
  - Geschlechtergleichstellung
- Integration der Zuwanderer durch
  - Bereitstellung von Siedlungsflächen
  - Einbeziehung in Selbsthilfeorganisationen
  - Berücksichtigung spezifischer Lebensformen
- Stabilisierung der kulturellen Identität durch
  - Belebung von Tradition und Folklore (lokale Märkte, Feste, Ausstellungen etc.)
  - Förderung des Kunsthandwerkes
  - Kampf gegen Diskriminierung

Wirtschaftliche Nachhaltigkeit

- Steigerung der Produktivkraft der städtischen Wirtschaft (unter Berücksichtigung der übrigen vier Dimensionen)
  - Verarbeitung von Ressourcen aus dem eigenen Hinterland
  - Nutzung von Standortvorteilen
- Berücksichtigung des informellen Sektors zum Überleben in den Bereichen
  - Handel und Handwerk
  - Wohnungsbau und Infrastruktur
  - Kultur und Gemeinschaft etc.
- Wohnungsbauförderung
  - Zugang zu Bausparkassen (auch für Arme)
  - Unterstützung bei Beschaffung von Grundstücken
  - Herstellung von Transparenz auf dem Bodenmarkt

Ökologische Nachhaltigkeit

- effiziente Energiegewinnung und Ressourcennutzung (z. B. von Wasser, Bäumen, Kies)
- Müllentsorgung und Straßenreinigung (z. B. Toiletten)
- Schaffung von Grünflächen und Sportgelände
- Siedlungskontrolle an Steilhängen und auf Überschwemmungsflächen
- Bewahrung charakteristischer Landschaftsteile (Bäche, Felsen, Erdpyramiden etc.)

Physische Nachhaltigkeit

- Bereitstellung und Pflege von Infrastruktur (auch für die Stadtviertel der Armen)
  - Zufahrtswege, Buslinien
  - Markthallen, Wochenmärkte
  - Gesundheits-, Bildungseinrichtungen
  - Gemeinschafts-, Kulturzentren
  - Wasser, Abwasser, Energie etc.
- Pflege der Bausubstanz
  - Sicherung historisch bedeutsamer Gebäude
  - Sanierung von Altstadtslums
- Schaffung urbaner Expansionsflächen (auch für Einfach-Wohnungsbau)

Material
Infoblatt: Vom Einwanderungs- zum Auswanderungskontinent
104112-0607

Ausgewählte Projekte

31 Rio de Janeiro, Brasilien: Wohnungsbauprojekte Mangueira I und II

„Im Stadtteil São Cristóvão ... liegt, in der unmittelbaren Nachbarschaft der ... Favela Mangueira, das Gelände der seit Jahrzehnten stillgelegten Keramikfabrik CCB. Dieses Areal wurde in den vergangenen Jahren zum Zweck des sozialen Wohnungsbaus revitalisiert. Nach umwelttechnischer Untersuchung von Boden und Grundwasser wurden 22 Wohnblocks errichtet. Die Wohnungsbauprojekte Mangueira I und II konnten 2010 als Pilotvorhaben einer nachhaltigen Nutzung ... abgeschlossen werden ... Die 296 Wohneinheiten des Projekts wurden Anfang 2010 von der Stadt Rio de Janeiro gekauft, um sie einkommensschwachen Familien (Familieneinkommen bis 750 Euro/Monat) im Rahmen des nationalen Förderprogramms ‚Minha Casa, Minha Vida' [Mein Haus, mein Leben] zur Verfügung zu stellen."

Amt für Umweltschutz/Landeshauptstadt Stuttgart (Hrsg.): Nachhaltige Stadtentwicklung in Lateinamerika. Stuttgart 2011, S. 27–29

33 Das Gelände der ehemaligen Keramikfabrik Mangueira vor und nach der Sanierung

32 Quito, Ecuador: Projekt Poroto Huayco

„Auf dem Müllplatz Zámbiza ... im Norden Quitos ... wurden auf einer Fläche von 20 ha über einen Zeitraum von 25 Jahren unvorbehandelte Abfälle abgelagert. Von dieser Deponie lebten auch rund 400 Menschen, die Abfälle ... zur Wiederverwertung aussortierten.
2002 wurde die Deponie ... geschlossen. Die alte Deponie wurde durch Oberflächenabdichtung saniert und durch Gestaltung der Oberfläche in die Umgebung integriert. Auf einer Teilfläche ließ der Kommunalverband Metropolregion Quito im Jahr 2005 ... die überdachte Umlade- und Sortierstation Poroto Huayco einschließlich Verwaltungsbereich, Kantine und Kindertagesstätte errichten. Die Verwaltung von Quito sammelte in diesem Projekt Erfahrungen mit der Sanierung einer kontaminierten Fläche, der Bürgerbeteiligung und der Kooperation mit privaten Unternehmen ... im Sinne einer PPP."

Ebenda

Private Public Partnership (PPP): Zusammenarbeit staatlicher Institutionen mit Privatunternehmen

16 Beschreiben Sie mithilfe Ihrer Erkenntnisse aus diesem Kapitel die in Grafik 28 (S. 63) dargestellten Folgen der Globalisierung und Urbanisierung für die Groß- und Megastädte.

17 Ansätze einer nachhaltigen Stadtentwicklung (Übersicht 30):
a) Ordnen Sie diesen Ansätzen und Maßnahmen einzelne, in diesem Kapitel angesprochene städtische Probleme zu.
b) Erklären Sie die erwartete Wirkung dieser Ansätze und Maßnahmen.

18 Erörtern Sie, inwieweit die vorgestellten Projekte (Texte und Fotos 31–33) einer nachhaltigen Stadtentwicklung einen Beitrag zur Lösung städtischer Probleme leisten können.

Weltwirtschaftliche Verflechtungen und der Einfluss der Globalisierung

Große Teile lateinamerikanischer Gesellschaften, von den Angehörigen politischer und ökonomischer Machteliten bis hin zum kleinen Mann auf der Straße, fürchten, zu den Verlierern der Globalisierung zu gehören. Einheimische Wirtschaftsfachleute betrachten mit Sorge das Leistungs- und Angebotsprofil der einzelnen Volkswirtschaften ihres Kontinents. Es scheint in den meisten Fällen den Anforderungen des Weltmarktes nicht zu genügen.

Die einzelnen Staaten versuchen, dem Globalisierungsdruck mit sehr unterschiedlichen Strategien zu begegnen. Länder wie Brasilien, Chile, Costa Rica, Kolumbien und Peru setzen auf marktwirtschaftliche Reformen und eine noch stärkere Integration ihrer Volkswirtschaft in den Weltmarkt. Andere wie Bolivien, Ecuador, Kuba, Nicaragua und Venezuela dagegen haben sich für einen „Sozialismus des 21. Jahrhunderts" entschieden. Dieses Leitbild sieht vor, durch staatliche Lenkung der nationalen Wirtschaft die Abhängigkeit vom Weltmarkt zu reduzieren.

Die Staaten Lateinamerikas haben mehrere Versuche zu einer wirtschaftlichen und politischen Integration unternommen. Vorrangiges Ziel ist es, größere Märkte zu schaffen und die regionalen Handelsbeziehungen zu intensivieren. Damit sollen die Wirtschaftskraft des Gesamtraumes und dessen internationale Konkurrenzfähigkeit verbessert werden. Allerdings bleibt abzuwarten, inwieweit derartige Kooperationen überhaupt funktionieren können angesichts der unterschiedlichen Entwicklungsstrategien und Strukturen in den einzelnen Ländern.

1 Containerschiff im Hafen von Santos, Brasilien

Kompetenzen erwerben:
- die Stellung Lateinamerikas im Welthandel beschreiben,
- die Einbindung Lateinamerikas in die Weltwirtschaft analysieren,
- eine Übersicht über die regionalen Wirtschaftsbündnisse erstellen,
- die Versuche zur regionalen wirtschaftlichen Integration im Hinblick auf Erfolge und Hemmnisse beurteilen.

Material
Infoblatt: Globalisierung
104112-0701

2 Weltweite Warenströme

Le Monde diplomatique: Atlas der Globalisierung. taz Verlags- und Vertriebs GmbH Berlin 2009, S. 57

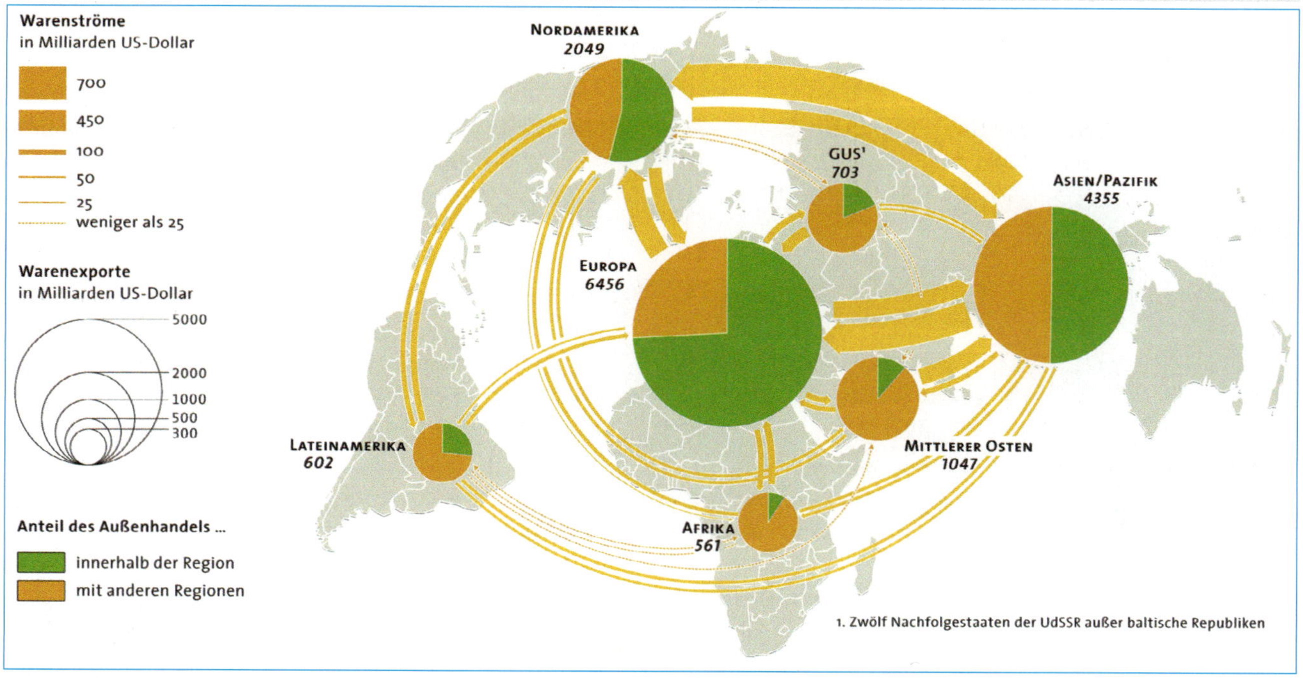

3 Lateinamerika im Welthandel

„Zu der globalen Wertschöpfung trägt die Region, in der knapp 9 % der Weltbevölkerung leben, nur etwa 6 % bei – gegenüber noch fast 8 % zu Beginn der 1980er-Jahre. Diesem Bedeutungsverlust Lateinamerikas steht das wachsende Gewicht vor allem asiatischer Wirtschaftsräume gegenüber ...

Entfielen 1980 noch mehr als 11 % der weltweit getätigten ausländischen Direktinvestitionen auf Lateinamerika, so ist dieser Anteil auf nur noch 5 % zurückgegangen. Der Anteil Lateinamerikas am Welthandel hat sich gegenüber den 1950er-Jahren halbiert ... Produkte aus Lateinamerika [machen] weniger als 6 % des weltweiten Warenhandels aus. Noch schwächer ist die Position Lateinamerikas in dem am schnellsten wachsenden Segment des Weltmarkts: dem internationalen Handel mit kommerziellen Dienstleistungen. An ihm ist die Region mit weniger als 3 % beteiligt. In Ranglisten internationaler Wettbewerbsfähigkeit ... nehmen die meisten lateinamerikanischen Länder nur hintere Plätze ein – allein Chile findet sich unter den 30 wettbewerbsstärksten Volkswirtschaften der Welt."

Hartmut Sangmeister: Wirtschaft und Weltmarktintegration: Zurück zu altem Glanz? In: Bundeszentrale für politische Bildung (Hrsg.): Lateinamerika verstehen lernen. Bonn 2011, S. 70

1 Nennen Sie – ausgehend von Foto 1 – die Ihrer Einschätzung nach drei wichtigsten Import- und Exportprodukte Lateinamerikas.

2 Analysieren Sie die Rolle Lateinamerikas im Welthandel.

7.1 Einbindung Lateinamerikas in die Weltwirtschaft

4 Lkw-Produktion bei Mercedes in São Paulo: Großteil für den Export

Die meisten lateinamerikanischen Staaten haben bis in die 1980er-Jahre hinein eine Strategie binnenorientierter Industrialisierung verfolgt. Der nationale Binnenmarkt wurde durch hohe Schutzzölle von der internationalen Konkurrenz abgeschottet. Ziel war es, auch mithilfe ausländischer Kredite und Investitionen, einen funktionierenden Sekundären Sektor aufzubauen und so die „dependencia", die Abhängigkeit von den Industrieländern, zu vermindern.

Diese Strategie staatlich geförderter Ausfuhren bei gleichzeitigen Importbeschränkungen hat nur in Brasilien und z.T. auch in Mexiko zum Aufbau eines konkurrenzfähigen Industriesektors geführt. Brasilien gilt heute neben China und Indien als eines der wichtigsten aufstrebenden Schwellenländer und als Wirtschaftsmacht der Zukunft. In den meisten Staaten hat die oben beschriebene Wirtschaftspolitik aber zu einer enormen Schuldenkrise geführt. Sie erzwang seit den 1980er-Jahren tief greifende Strukturreformen, eine Liberalisierung der Binnen- und Außenwirtschaft und demzufolge eine stärkere Einbindung Lateinamerikas in die Weltwirtschaft. Unter dem Einfluss der Globalisierung verändern sich die traditionellen Wirtschaftsverflechtungen und außenwirtschaftlichen Strategien der Länder Lateinamerikas.

Seite 22
BRIC-Staaten

5 Lateinamerikas Partner in der Weltwirtschaft

„Mit der Liberalisierung der Außenwirtschaft haben sich die überkommenen Liefer- und Absatzbeziehungen der Kolonialzeit, die noch bis in die 1980er-Jahre die außenwirtschaftlichen Beziehungen Lateinamerikas geprägt hatten, geographisch deutlich differenziert [M 6] ... Es sind aufstrebende Wirtschaftsriesen wie China und Indien, die in dem Rohstoffreichtum Südamerikas und in den dortigen Märkten starke Anreize für eine engere wirtschaftliche Zusammenarbeit sehen. Aber auch Russland hat in strategischen Bereichen wie Energie und Rüstung sein wirtschaftliches Engagement in mehreren südamerikanischen Staaten ausgebaut, insbesondere in Venezuela ...

Es ist erklärte Absicht Chinas, seine außenwirtschaftlichen Beziehungen zu mehreren Ländern Südamerikas zu strategischen Partnerschaften auszubauen, die durch langfristige Lieferverträge und Direktinvestitionen eine diversifizierte Versorgung mit Rohstoffen und Energie sicherstellen sollen ... Die aufsteigende asiatische Wirtschaftsgroßmacht hat bereits 1993 mit Brasilien als erstem Land weltweit eine ‚strategische Partnerschaft' etabliert. Vorzeigeprojekt dieser Kooperation sind der sino-brasilianische Erderkundungssatellit zur Exploration natürlicher Ressourcen ... oder das Gemeinschaftsunternehmen des brasilianischen Flugzeugerbauers Embraer mit der chinesischen Harbin Aviation Industry zum Bau des international erfolgreichen Mittelstreckenflugzeugs ERJ 145. Im Mai 2004 wurde zudem die Zusammenarbeit im Bereich Nukleartechnologie vereinbart, welche die Lieferung von brasilianischem Uran nach China vorsieht sowie die Beteiligung Chinas an der Finanzierung des brasilianischen Nuklearprogramms."

Hartmut Sangmeister: Wirtschaftlicher Strukturwandel und ungleiche Entwicklung in Südamerika. In: Landeszentrale für politische Bildung Baden-Württemberg (Hrsg.): Der Bürger im Staat. H. 4/2010, S. 413

6 Geographische Verteilung der lateinamerikanischen Exporte 2008

H. Sangmeister: Wirtschaftlicher Strukturwandel und ungleiche Entwicklung in Südamerika. A. a. O., S. 413

Region	Anteil (%)
Nordamerika	28,3
Lateinamerika (Binnenhandel)	27,2
Asien	21,9
Europa	16,5
Afrika	3,2
Gemeinschaft Unabhängiger Staaten (GUS)	1,7
Naher Osten	1,2

7 Strategien der Weltmarktintegration

„Die südamerikanischen Länder haben sich mehrheitlich für Strategien passiver Weltmarktintegration durch Spezialisierung auf Primärgüterexporte entschieden. Diese Option erscheint vor allem für diejenigen Länder attraktiv, die mit Naturkapital reichlich ausgestattet sind [vgl. Kapitel 4 und 5] ...
Die Exporterfolge mit Primärgütern während der letzten Jahre sind allerdings kein Garant dafür, dass sich mit einer solchen Strategie anhaltendes Wirtschaftswachstum generieren lässt ... Bei einer einseitigen Orientierung auf den Export von Rohstoffen und Agrarerzeugnissen können ... die Ausfuhrerlöse erheblich schwanken ... Die Ausweitung lateinamerikanischer Agrarexporte stößt auch insofern an Grenzen, als der Protektionismus in den USA und der EU ... vorerst anhalten wird ... Zudem zerstört eine ressourcenbasierte Wachstumsstrategie ihre eigenen wirtschaftlichen Grundlagen dort, wo sie nicht auf eine nachhaltige Nutzung ... achtet.
Nicht alle lateinamerikanischen Volkswirtschaften sind mit Naturkapital großzügig ausgestattet. Insofern stellt eine ressourcenbasierte Wachstumsstrategie keine generelle entwicklungspolitische Option dar ... Das gilt etwa für Mexiko, aber auch für zentralamerikanische Volkswirtschaften. Diese Länder forcieren daher eine verstärkte Einbindung in globale Wertschöpfungsketten."

Hartmut Sangmeister: Wirtschaft und Weltmarktintegration: Zurück zu altem Glanz? A. a. O, S. 74–75

8 Exportstruktur Lateinamerika 1980 und 2008

Hartmut Sangmeister: Wirtschaft und Weltmarktintegration: Zurück zu altem Glanz? A. a. O., S. 86

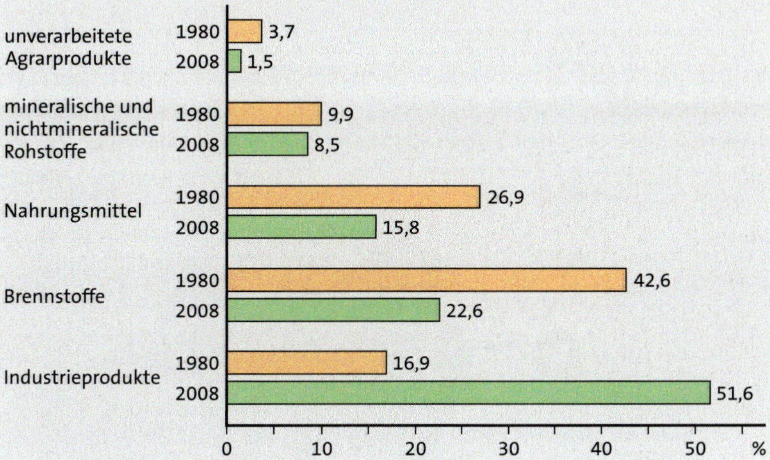

9 Die fünf wichtigsten Warengruppen im Handel zwischen Deutschland und Brasilien 2009

© Statistisches Bundesamt, Wiesbaden, 2011

Exportprodukte Deutschlands	absolut (Mio. €)	Anteil (%)
Maschinen	1941	27
chemische Erzeugnisse	1325	18
Kraftwagen und Kraftwagenteile	871	12
Datenverarbeitungsgeräte, elektr. u. optische Erzeugnisse	524	7
pharmazeutische und ähnliche Erzeugnisse	523	7

Importprodukte Deutschlands	absolut (Mio. €)	Anteil (%)
Erzeugnisse der Landwirtschaft und Jagd	1727	25
Nahrungsmittel und Futtermittel	1220	17
Erze	1044	15
Kraftwagen und Kraftwagenteile	615	9
Maschinen	408	6

3 Beschreiben Sie den Wandel in der Außenwirtschaftspolitik und in der Exportstruktur Lateinamerikas seit 1980.

4 Erläutern Sie die unterschiedlichen wirtschaftlichen Interessen der lateinamerikanischen Staaten und ihrer Handelspartner (Texte 5 und 7).

5 Überprüfen Sie Ihre Nennungen bei Aufgabe 1 (S. 67) mithilfe der Materialien auf dieser Doppelseite.

6 Erörtern Sie, ob das Foto 4 als repräsentativ für Lateinamerikas Exportstruktur gelten kann.

7.2 Regionale Integrationsbündnisse

10 Integrationsbündnisse und Freihandelsabkommen in Lateinamerika

Die Staaten Lateinamerikas haben in den letzten Jahrzehnten mehrere Versuche unternommen, sich in unterschiedlichen Konstellationen zu Bündnissen zusammenzuschließen oder bestehende Kooperationen zu modernisieren. Vorrangiges Ziel war die Schaffung größerer Märkte durch den Abbau von Zollschranken und eine Verbesserung der regionalen Handelsbeziehungen. Damit sollte die wirtschaftliche Entwicklung der lateinamerikanischen Länder gefördert und die internationale Konkurrenzfähigkeit der einzelnen Volkswirtschaften und des Gesamtraumes gestärkt werden. Die verschiedenen Integrationsmodelle stellen also eine Antwort auf die von der Globalisierung ausgehenden ökonomischen und politischen Herausforderungen dar.

Das gilt in besonderem Maße für den mit dem Vertrag von Asunción 1991 gegründeten **MERCOSUR**, den „Gemeinsamen Markt des Südens". In dessen Präambel wird ausdrücklich auf das Ziel „einer adäquaten Einbindung der Mitgliedstaaten in das internationale Gefüge der großen Wirtschaftsblöcke" hingewiesen. Angestrebt werde eine wirtschaftliche und auch politische Integration.

Wie sind die Erfolgsaussichten dieser Integrationsbemühungen zu bewerten?

11 Die unvereinigten Staaten

„Auf den ersten Blick weist Lateinamerika glänzende Voraussetzungen für eine politische Vereinigung auf. Die Zahl der zwischenstaatlichen Konflikte war im Vergleich zu Europa gering, in den meisten Ländern wird spanisch gesprochen und die Beschwörung der Einheit – gerade auch in Absetzung von den USA – gehört zum Standardrepertoire vieler Politiker. Hinzu kommen langjährige Bemühungen mit Blick auf eine regionale und subregionale Integration ...

Mittlerweile [aber] herrscht ein Nebeneinander unterschiedlicher regionaler Kooperations- und Integrationsformen, die sich gegenseitig widersprechen oder zumindest neutralisieren ... Trotz der Berufung auf die Einheit Lateinamerikas sind die einzelnen Regierungen kaum zur Aufgabe von Souveränität bereit. Als Folge der gestiegenen Nachfrage nach Rohstoffen orientieren sich einige Staaten in Richtung des pazifischen Raums. Auch deswegen sinken die Anreize für eine stärkere regionale Zusammenarbeit."

Nikolaus Werz: Einheit und Vielfalt Lateinamerikas. In: Bundeszentrale für politische Bildung (Hrsg.): Lateinamerika verstehen lernen. Bonn 2011, S. 32–34

Material

Infoblatt: MERCOSUR

104112-0702

Beispiel MERCOSUR

12 Die Staaten des MERCOSUR: ausgewählte Kennziffern

Zusammengestellt nach DSW Datenreport 2011; Hartmut Sangmeister: Wirtschaftlicher Strukturwandel und ungleiche Entwicklung in Südamerika. A. a. O., S. 411; Fischer Weltalmanach 2012

	Bevölkerung 2011 (Mio.)	BNE/Kopf 2009 (US-$, PPP)	Anteil am Gesamt-BIP MERCOSUR 2009 (%)	Anteil am BNE (%)					
				Landwirtschaft		Industrie		Dienstleistungen	
				1980	2009	1980	2009	1980	2009
Argentinien	40,5	14 090	16,1	6,4	7,0	41,2	32,0	52,4	61,0
Brasilien	196,7	10 160	81,5	11,0	10,0	43,8	27,0	45,2	63,0
Paraguay	6,6	4 430	0,8	28,7	22,0	27,4	22,0	43,9	56,0
Uruguay	3,4	12 900	1,6	13,5	10,0	33,1	26,0	53,4	64,0

13 MERCOSUR – Motor des Integrationsprozesses in Lateinamerika?

„Im August 2010 auf dem Gipfel von San Juan ... [beschlossen] die Mercosur-Staaten eine einheitliche Zollregelung wie auch die Abschaffung der doppelten Verzollung und einigten sich über die Verteilung der Zolleinnahmen. Das war auch für das Binnenland Paraguay, das bei Zolleinkünften automatisch im Nachteil ist, eine zufriedenstellende Lösung. Der gemeinsame Zoll wird nur auf Importgüter erhoben, nicht aber auf Exportwaren, deren Verzollung jedem einzelnen Staat überlassen bleibt. Diese Fortschritte sind auch politisch bedeutsam, da der Mercosur im Grunde das Rückgrat der Union der Südamerikanischen Staaten (Unasur) ist ...

Eine andere Vision der wirtschaftlichen Integration, die sich in San Juan teilweise durchsetzen konnte, geht davon aus, dass Entwicklung und Wohlstand in der Region nicht von der Willkür des Weltmarkts oder den Investitionsstrategien transnationaler Konzerne abhängen dürfen. Vielmehr müssten die größten und am meisten entwickelten Länder des Kontinents nachhaltige Entwicklungsprogramme auflegen, die den kleineren Ländern bei der Finanzierung ihrer Fortschritte helfen und so die wirtschaftliche, soziale und territoriale Ungleichheit innerhalb der Region verringern.

Im Sinne dieser Perspektive müsste ein regionales Zukunftsprogramm folgende Schwerpunkte setzen:

- Priorität für Dialog und politischen Ausgleich als ... Garantie für die demokratische Stabilität Südamerikas; ...
- Schaffung einer Entwicklungsbank und Ausbau des Abkommens über ... wechselseitige Zahlungen, damit die Handelsbeziehungen ohne Dollar abgewickelt werden können;
- Integration der Transport-, Energie- und Kommunikationsinfrastrukturen ..., damit ein Markt kontinentaler Dimension entstehen kann."

Alberto J. Sosa: Gemeinsamer Markt für Südamerika. In: Le Monde diplomatique Nr. 9, 2011: Südamerika. Der eigene Kontinent. taz Verlags- und Vertriebs GmbH Berlin 2011, S. 84–85

14 Logo des MERCOSUR

7 Arbeiten Sie anhand der folgenden Kriterien eine tabellarische Übersicht über die Bündnisse MERCOSUR, CAN und UNASUR heraus: Gründung, Mitglieder, Zielsetzung, bisherige Ergebnisse/Bedeutung (Karte 10, Internet).

8 Erläutern Sie am Beispiel des MERCOSUR, welche Chancen sich für Lateinamerika durch eine verstärkte wirtschaftliche Integration ergeben könnten.

9 Beurteilen Sie die Chancen für eine Integration Lateinamerikas nach dem Vorbild der EU.

15 Logo der NAFTA

Kooperation mit Nordamerika: Die NAFTA

17 Die Nordamerikanische Freihandelszone

„Die Nordamerikanische Freihandelszone (NAFTA – North American Free Trade Agreement) schließt seit dem 1. Januar 1994 die USA, Mexiko und Kanada in einem nordamerikanischen Handelsblock zusammen, um den Schutz der eigenen Märkte vor Importen aus Übersee zu gewährleisten und die internationale Wettbewerbsfähigkeit der eigenen Industrie aufzubauen. Das Abkommen hat folgende Zielsetzungen:

- Beseitigung von Einfuhrzöllen,
- Förderung fairen Wettbewerbs bei Wahrung eines angemessenen Rechtsschutzes,
- Förderung der trilateralen und multilateralen Zusammenarbeit,
- Ausbau des bilateralen und trilateralen Güter- und Dienstleistungsverkehrs sowie der Investitionstätigkeit,
- Abbau von nichttarifären Handelshemmnissen ... mit Ausnahme der sensiblen Bereiche wie Agrarprodukte, Kraftfahrzeuge, Energie und Textilerzeugnisse,
- Sonderbehandlung von einzelnen Produktgruppen ..., die der mexikanischen Sonderstellung als wirtschaftlich schwächerem Partner Rechnung tragen.

Freier Personenverkehr gehört nicht zum Abkommen der NAFTA ...“

Rita Schneider-Sliwa: USA. Darmstadt: Wissenschaftliche Buchgesellschaft 2005, S. 210

18 Beweggründe der beteiligten Länder

„Mexiko:
- Erhöhung der Attraktivität des Standorts Mexiko für Direktinvestitionen
- ... Zugang mexikanischer Exportprodukte in die USA [und] ... zu modernen Technologien
- Abbau regionaler Disparitäten

USA:
- ... Stärkung der Wettbewerbsfähigkeit der US-Industrie durch intensiveren Wettbewerb
- Gebietserweiterung des Patentschutzes für US-Patente
- Abbau von Investitionshürden für international tätige US-Unternehmen
- Unterstützung der mexikanischen Wirtschaftsreformen (politische Intentionen) und Schaffung positiver Wirtschaftsentwicklung in Mexiko
- dadurch: Eindämmung des Zustroms illegaler Einwanderer in die USA

Kanada:
- Interesse an der Wahrung der mit den USA vereinbarten Handelspräferenzen
- Furcht vor einer Handelsumlenkung der USA zugunsten Mexikos
- zusammen mit Mexiko bessere Verhandlungspositionen gegenüber den USA.“

Werner Klohn: Weltwirtschaft und Globalisierung. Vechtaer Materialien zum Geographieunterricht, H. 10, 3. Aufl. Vechta 2008, S. 121

16 Warenhandel zwischen den beteiligten Ländern 2010 (Mio. US-$)

Nach WTO: Statistics Database: Trade Profiles, März 2012

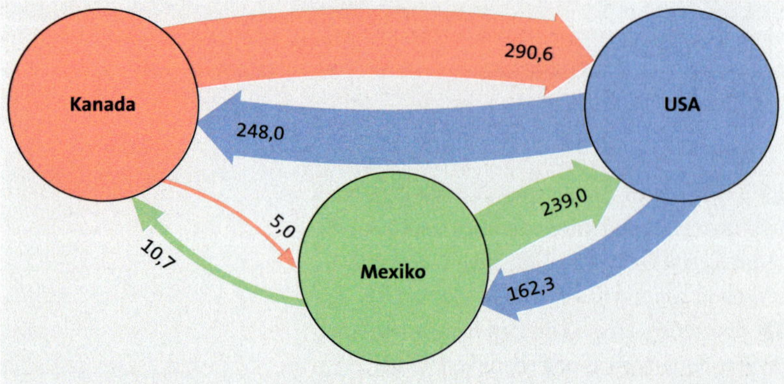

19 Wirtschaftliche Kennziffern der NAFTA-Staaten 2009/2010

Der neue Fischer Weltalmanach 2012. Frankfurt am Main: Fischer Taschenbuch Verlag 2011

	USA	Kanada	Mexiko
Bevölkerung (Mio.)	307,0	33,7	107,4
BIP (Mrd. US-$)	14 658	1 574	1 040
BNE/Kopf (US-$)	46 360	41 980	8 960
Arbeitslosigkeit (%)	9,6	8,0	5,4
Außenhandelsbilanz (Mrd. US-$)	−634	−5	−4
Inflation (%)	1,6	1,8	4,2

Material
Infoblatt: NAFTA
104112-0703

Material
Infoblatt: Maquiladoras
104112-0704

Regionalwirtschaftliche Effekte der NAFTA.
Beispiel: Maquiladora-Industrie

20 Was sind Maquiladoras?

„Als Maquiladoras oder auch Maquila werden die Fabriken bezeichnet, die von multinationalen Unternehmen im mexikanischen Grenzsaum entlang der US-amerikanischen Grenze angesiedelt werden. In oft primitiven Fertigungshallen werden aus importierten Vorprodukten Konsumgüter für die zollfreie Wiedereinfuhr in die USA oder auch für den Weltmarkt hergestellt. Deswegen werden die Maquiladoras oft als Weltmarktfabriken tituliert. Ganze Produktionszweige der Textil-, Automobil-, Foto- und Elektronikindustrie nutzen die niedrigen Löhne aus, indem die besonders arbeitsintensiven Fertigungsschritte von solchen Maquiladoras übernommen werden ... Heute wird der Begriff Maquiladora häufig als Synonym für derartige Lohnveredlungsfabriken des ganzen lateinamerikanischen Raumes verwendet."

Mirko Ellrich: Infoblatt Maquiladoras.
Unter www.klett.de, Dez. 2010

21 Schattenseiten

„Von der Ansiedlung der Maquiladores versprach sich Mexiko eine prosperierende wirtschaftliche Entwicklung ... Doch das Gegenteil scheint der Fall. Ein Großteil der importierten Waren ist für die Maquiladoras bestimmt und gilt somit nur als temporäre Einfuhr. Lediglich ein sehr geringer Prozentsatz der verarbeiteten Erzeugnisse stammt direkt aus Mexiko. Die Maquiladoras tragen dadurch nicht zu der erhofften selbsttragenden wirtschaftlichen Entwicklung und Wertschöpfung bei. Im Gegenteil, es besteht eine hohe und einseitige Abhängigkeit von ausländischen Konzernen ... Konkurrenz bekommen die nordmexikanischen Maquiladoras durch andere lateinamerikanische Länder wie El Salvador. Außerdem entstehen mittlerweile ähnliche Produktionsstätten in den USA ..."

Mirko Ellrich: a. a. O.

22 Maquiladora-Beschäftigte und -Betriebe, Grenzregion, 1990 und 2005

Nach Christian Berndt: Frontera/Borderlands. In: Geographische Rundschau H. 1/2007. Braunschweig: Westermann, S. 20

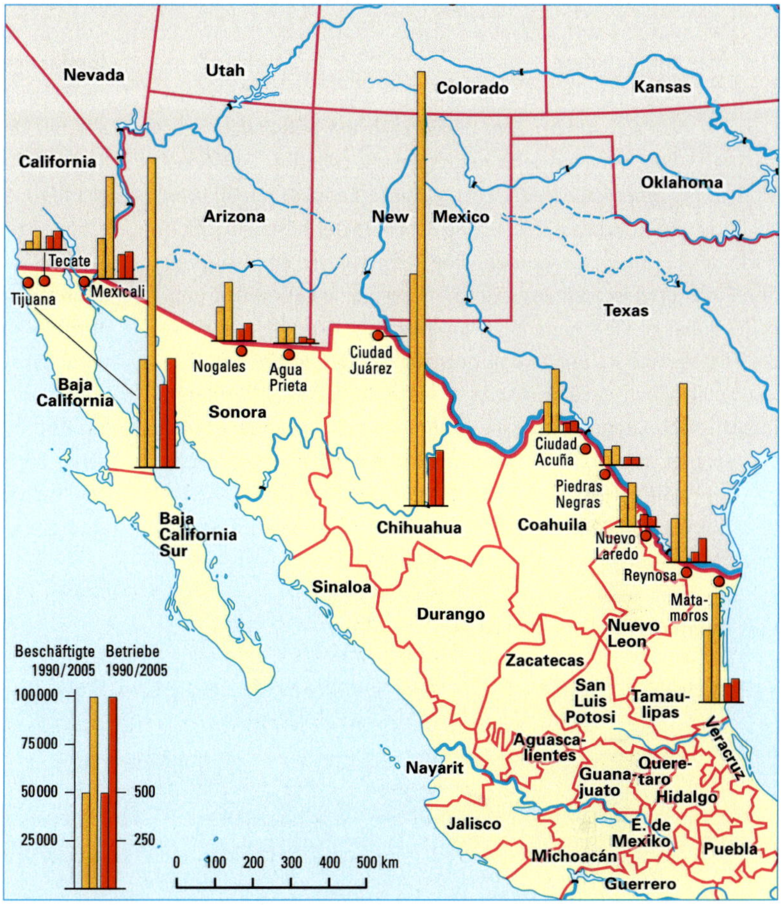

10 Charakterisieren Sie die Zielsetzung der NAFTA.

11 Vergleichen Sie die Beweggründe der beteiligten Länder.

12 Maquiladora-Industrie:

a) Beschreiben Sie die Funktionsweise des Maquiladora-Konzepts.
b) Erklären Sie, welche Intentionen Mexiko auf der einen und die USA auf der anderen Seite mit dem Konzept der Maquiladoras verfolgen.
c) Stellen Sie dar, wie dieses Konzept in die Zielsetzungen und Vereinbarungen der NAFTA eingebunden ist.
d) Analysieren Sie die Karte 22 im Hinblick auf die räumlichen Schwerpunkte und die Entwicklung der Maquiladora-Industrie.
e) Bewerten Sie das Maquiladora-Konzept.

Seite 24
Maquiladoras

Raumanalyse: Peru – Entwicklungsland mit starken innerstaatlichen Disparitäten

Ziel einer Raumanalyse

Jeder geographische Raum hat seinen individuellen Charakter. Dieser ergibt sich aus der Zahl und Art der ihn prägenden Geofaktoren sowie der Wechselbeziehungen, die zwischen ihnen bestehen. Ziel einer Raumanalyse ist es, diese Geofaktoren in ihren Verflechtungen aufzuzeigen, um so die charakteristische Ausprägung des Raumes zu erkennen. Eine Raumanalyse ist also mehr als eine Raumbeschreibung. Sie liefert auch eine Raumerklärung. In der Praxis ist die Raumanalyse eine wichtige Grundlage, z. B. für die kommunale Raumplanung oder für Projekte in der entwicklungspolitischen Zusammenarbeit. Als methodisches Verfahren im Schulfach Geographie ist die Raumanalyse in besonderen Maße geeignet, das breite Spektrum der inhaltlichen Fragestellungen des Faches aufzuzeigen. Indem sie ganz unterschiedliche Arbeitsformen und Arbeitsmittel anwendet, vermag sie umfassend in die Methoden des Schulfaches Geographie einzuführen.

Totalanalyse oder themengeleitete Raumanalyse?

Eine Totalanalyse, in die sämtliche Geofaktoren einfließen, wie z. B. bei länderkundlichen Gesamtdarstellungen, sprengt in der Regel die schulischen Möglichkeiten – allein schon aus Zeitgründen. Geeigneter für schulische Zwecke, etwa in einer Facharbeit oder in einem Referat, ist die „themengeleitete Raumanalyse". Hierbei lenkt eine problemorientierte Themenstellung die Analyse auf eine bestimmte, in der Regel inhaltlich eingegrenzte Fragestellung, unter der der gewählte Raum untersucht wird. Diese Fragstellung bestimmt wiederum, welche und wie viele Geofaktoren in den Blick genommen werden müssen.

Zur Abgrenzung des Untersuchungsraumes können naturräumliche, wirtschaftliche oder administrative Grenzen herangezogen werden. Entscheidend sind letzlich die für die Untersuchung relevanten Geofaktoren.

1 **Auf dem Altiplano in Peru**

Kompetenzen erwerben:
- am Beispiel Perus die fachspezifische Methode Raumanalyse durchführen,
- mithilfe der Raumanalyse die natürlichen und historischen Grundlagen sowie die raumprägenden sozialen und wirtschaftlichen Strukturen des Andenstaates Peru erfassen.

Ablauf einer themengeleiteten Raumanalyse

1. Schritt: Festlegung des Themas

Das Thema sollte aktuell sein und von einem Problem bzw. einer Leitfrage ausgehen. So würde ein Thema wie „Entwicklungsland Peru“ entweder nur zu einem bloßen Aufzählen von Geofaktoren führen oder die Untersuchung würde zeitlich ausufern. Das Thema sollte also auf eine Leitfrage eingeengt werden.

2. Schritt: Erstellen des Arbeitsplans

Die Leitfrage wird in Teilfragen zerlegt und unter den Geofaktoren wird eine Auswahl getroffen, mit denen sich das Untersuchungsziel am besten erreichen lässt. Anschließend werden die Untersuchungsmethoden und die Arbeitsmittel festgelegt.

3. Schritt: Analyse der Geofaktoren

Bei der eigentlichen Analyse werden zunächst einzelne Geofaktoren getrennt untersucht, z. B. Naturraum, Bodenschätze, Siedlungen, Industrie, Infrastruktur. In einem zweiten Schritt werden sodann die Wechselwirkungen zwischen den einzelnen Faktoren herausgearbeitet.

4. Schritt: Synthese der Arbeitsergebnisse

Die Synthese fasst das vielschichtige Beziehungsgefüge der Geofaktoren zusammen, z. B. in einem Wirkungsgeflecht, und charakterisiert den Raum mit Blick auf die dominanten Faktoren.

5. Schritt: Reflexion der Arbeitsergebnisse

Die so erzielten Ergebnisse werden mit der eingangs formulierten Leitfrage verglichen. Die Wahl der angewandten Methoden und benutzten Arbeitsmittel werden nochmals überprüft, Lücken werden aufgedeckt und geschlossen.

6. Schritt: Darstellung der Arbeitsergebnisse

Abschließend werden die Untersuchungsergebnisse dargestellt, z. B. als Referat, Computerpräsentation, als Ausstellung oder in einer Facharbeit.

2 Thema: Peru – Entwicklungsland mit starken innerstaatlichen Disparitäten

	Themen/Inhalte der Untersuchung	Arbeitsmittel/Methoden
Festlegung des Themas	Ziel: Untersuchung der innerstaatlichen Disparitäten Perus Leitfrage: Inwiefern sind die innerstaatlichen Disparitäten Perus Erscheinungsform und Ursache der Unterentwicklung?	Sammeln erster Informationen aus Presseberichten, Fernsehen, Internet; Diskussion mit Mitschüler/-innen, ggf. auch „Experten“
Erstellen des Arbeitsplans	Kernfrage: Welche Faktoren können grundsätzlich Erkenntnisse für die Beantwortung der Leitfrage liefern? Teilfragen: – Worin zeigen sich die innerstaatlichen Disparitäten? – Welche naturgeographischen Rahmenbedingungen liegen vor? – Welche weiteren Ursachen sind zu bedenken? – Woher bekommen wir weitere Informationen? – Wie sollen die Untersuchungen durchgeführt werden (z. B. Gruppenarbeit)?	Diskussion im Plenum; Anfertigung einer Mindmap
Analyse der Geofaktoren	Untersuchung einzelner Faktoren und einfacher Wechselwirkungen: Naturfaktoren, Bodenschätze, wirtschaftliche Nutzungsformen, Bevölkerungsverteilung, Wanderungsbilanzen, Infrastruktur, Siedlungen etc.	Atlaskarten, Klimadiagramme, Statistiken, Ländermonographien, Schulbücher, Wirtschaftsteil von Tageszeitungen, TV-Sendungen, Lexika, Internet; Einzel- und Gruppenarbeit
Synthese der Arbeitsergebnisse	Zusammenfassung des Beziehungsgefüges der Einzelfaktoren, integrierende Beschreibung der Raumstrukturen sowie der wirtschaftlichen und gesellschaftlichen Verhältnisse unter Beachtung der Entwicklungsprozesse	Aufsuchen von Zusammenhängen zwischen den einzelnen Geofaktoren, Erstellen von Ursache-Wirkung-Ketten, Rückkoppelungen und Wechselwirkungen; Erstellen eines Wirkungsgefüges
Reflexion der Arbeitsergebnisse	Kritik an den angewandten Methoden und Quellen, kritische Diskussion der methodischen Vorgehensweisen, Überlegungen zur Übertragbarkeit der Ergebnisse	Pro- und Kontradiskussion, Maßnahmenanalyse
Darstellung der Arbeitsergebnisse	verbale und/oder zeichnerische Darstellung der Ergebnisse	Internet, Flipchart, PC-Präsentation (z. B. Power Point), Facharbeit etc.

TERRA METHODE

Materialien zum Naturraum

3 Schnitt des Landschaftsprofils

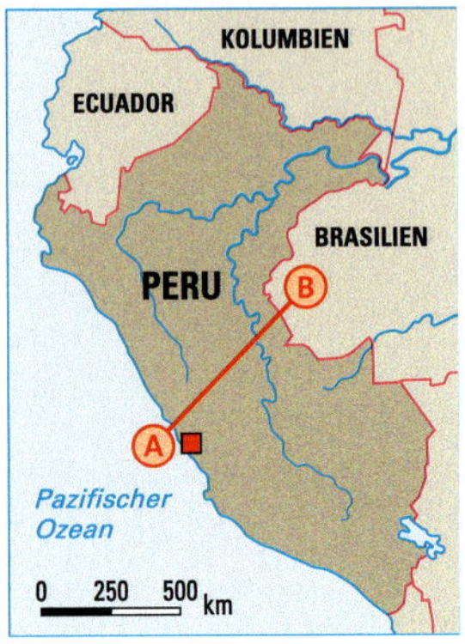

5 Natürliche Vielfalt

„Selbst bei einfacher Betrachtung des peruanischen Territoriums entfaltet sich eine harmonische Vielfalt der Landschaften. Sie reicht von der sandigen Wüste, bevölkert von Bohrtürmen und blattlosen Bäumen, bis hinaus zu schneebedeckten Bergspitzen, die jedes menschliche Leben verjagen. Peru bietet eine wahre Sinfonie der Landschaften. Das Land ist eine Skala vergleichbar mit verschiedenartigen Schattierungen und Kontrasten. [Die einzelnen Landschaften] sind die Folge unterschiedlicher Klimate, die wiederum ihre Ursachen in der komplizierten Bildung des Andengebirges und des Amazonasbeckens haben. Weiterhin beeinflussen der Pazifische Ozean und seine Winde das Bild der Landschaften; auch haben Flora und Fauna, schließlich die Werke der Ureinwohner und der heute dort lebenden Menschen die Landschaften geprägt."

J. Pulgar: Geografia del Perú. Las ocho regiones der Perú. Lima 1981; zitiert nach Wolfgang Baier: Peru. Frankfurt, Aarau: Diesterweg und Sauerländer 1989, S. 9

4 Landschaftsprofil durch Peru

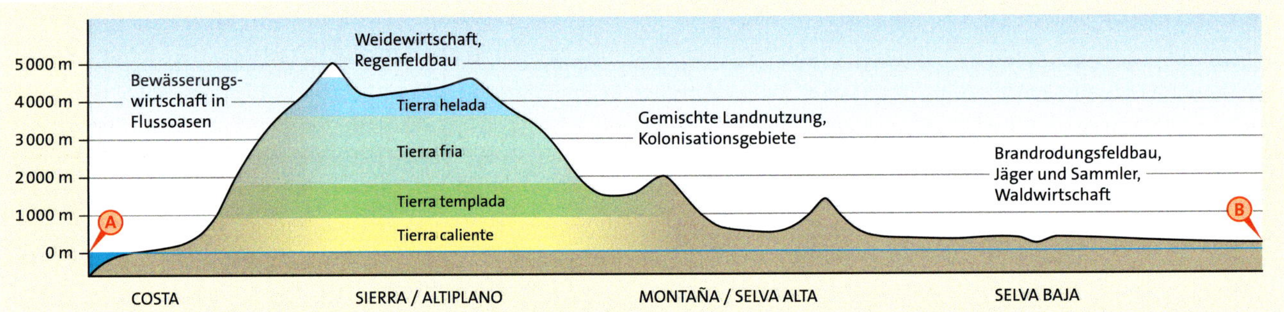

	Costa	Sierra	Montaña und Selvas
Flächenanteil	ca. 11 %	ca. 26 %	ca. 63 %
Bevölkerungsanteil	ca. 51 %	ca. 39 %	ca. 10 %
Bau und Oberflächenformen, Einzellandschaften	im Mittel 100 km breiter Streifen, von Andenflüssen zerschnittene Plateau- und Hügellandschaft	bis zu 7000 m hohe Ketten der West- und Ostkordillere mit eingeschlossenen Hochbecken (Altiplano) und Talungen (Valles)	Gebirgsabfall der Anden mit schluchtartigen Tälern (Montaña/ Selva alta); Aufschüttungsgebiet der Amazonasniederung (Selva baja)
Niederschläge	fast regenlos, Feuchtigkeit durch Tauniederschläge und Küstennebel (Garua)	je nach Höhenlage 300–1000 mm; Wechsel von Trocken- und Regenzeit	über 2000 mm, tropisch feucht
Temperatur	subtropisch warm	große tägliche Temperaturschwankungen (über 250 K), an der unteren Westflanke der Sierra z. T. gemäßigte Temperaturen	gleichbleibend warm / heiß
Mittel des wärmsten und kältesten Monats	Lima (11 m): 28,3 °C/13,3 °C	Cuzco (3312 m): 22,8 °C/–0,6 °C	Iquitos (104 m): 26,9 °C/24,9 °C
natürliche Vegetation	Wüste und Halbwüste, Oasen an den Andenflüssen	je nach Höhenlage und Niederschlag unterschiedlich; Gebirgssteppe (Puna), Hartgräser, Dornsträucher; Gebirgsregion vegetationslos/ schneebedeckt	tropischer Bergwald in der Montaña-Region (Selva alta), in Tälern z. T. Savannen, tropischer Regenwald in der Amazonasniederung (Selva baja)

6 Abhängigkeitsstrukturen unter den Inkas

„Mit der Zerschlagung des Inkareichs durch die Spanier ändern sich die Formen der Beherrschung und Ausbeutung der indianischen Bevölkerung dramatisch. Die spanischen Eroberer übernahmen teils Herrschaftsformen der Inka und nutzten sie nach ihren Interessen, teils führten sie neue Formen der Knechtung ein ... Zwar bestand zwischen Herrschern und Beherrschten krasse Ungleichheit, aber in bestimmtem Umfang auch eine wechselseitige Verpflichtung: Der Dienstverpflichtung der in Clan-ähnlichen Gemeinschaften (ayllus) zusammenlebenden einfachen Bauern entsprach – zumindest zum Teil – die Verpflichtung des Inkastaates zur Versorgung der Alten, Kranken, Waisen und Witwen und zur Vorsorge gegen Hungersnöte und Naturkatastrophen."

Bischöfliches Hilfswerk Misereor (Hrsg.): Indios in den Anden. Aachen 1986, S. 28

7 Encomienda – Zwangsarbeit unter den Spaniern

„Diese paternalistische Wechselseitigkeit ersetzten die Spanier durch eine krasse, einseitige Ausbeutungsstruktur. Sie waren nicht aus Machthunger gekommen, um ein Reich zu unterwerfen und zu beherrschen; sie waren gekommen, sich und die spanische Krone zu bereichern. Die Ausbeutung war ihr primäres Ziel. Wichtigstes Ausbeutungsinstrument – nach der Phase der unverhüllten Raubzüge nach den Inkaschätzen – war das Rechtsinstitut der ‚Encomienda'. Die spanische Krone, nach der Zerschlagung der Inkaherrschaft Eigentümer der eroberten Gebiete, verlieh damit treu ergebenen Konquistadoren das Recht, von einer bestimmten Gruppe Eingeborener Abgaben einzufordern."

Ebenda, S. 28/29
Anmerkung: Auch das Inkareich kannte eine Pflicht zur unbezahlten Arbeit im öffentlichen Interesse, die sogenannte „Mita". Die Spanier entwickelten die Mita jedoch zur Zwangsarbeit nicht nur für öffentliche, sondern auch für ihre privaten Interessen, z. B. im Bergbau.

8 Zeittafel von Unterdrückung, Abhängigkeit und internen Unruhen

1532	Der Spanier Pizarro fällt mit einer kleinen Truppe in das Inkareich ein.
1544	Gründung des Vizekönigreiches Peru
1570	Vizekönig Toledo legalisiert die Zwangsarbeit der Indios im Bergbau.
bis 1600	Ca. 3 Mio. Indios (1/3 der indigenen Bevölkerung) kommen infolge der Zwangsarbeit und durch eingeschleppte Krankheiten um.
17. Jh.	Einführung der Encomienda
1821	Unabhängigkeit Perus
19. Jh.	Präsidenten werden willkürlich von den Machteliten ein- und abgesetzt, Rebellionen und Bürgerkriege verhindern die Entwicklung eines modernen Staates.
1930er-Jahre	interne Auseinandersetzungen zwischen beharrenden Kräften und Sozialreformern
20. Jh.	Ausländische Kapitalgesellschaften beuten in großem Stil die Bodenschätze der Andenländer aus.
1960er-Jahre	Auseinandersetzungen mit den USA wegen der Ausbeutung der Erdölvorkommen
1968/1969	„Linke Militärrevolution" in Peru; Ansätze einer Landreform und Einführung eines gemischtwirtschaftlichen Systems; Nationalisierung der Erdölvorkommen
1978	Die Inflation nimmt drastische Ausmaße an, nachdem der IWF drakonische wirtschaftspolitische Sparmaßnahmen diktiert und Peru als nicht kreditwürdig eingestuft hat.
1980	erste freie Wahlen
ab 1982	Die linksgerichtete Guerilla-Gruppe Sendero Luminoso führt einen brutalen Krieg gegen die Staatsgewalt.
1990er-Jahre	Innenpolitische Unruhen, Staatsstreiche, Ausnahmezustände und Menschenrechtsverletzungen verhindern eine stabile Entwicklung.
2001	Alejandro Toledo wird 1. Präsident indigener Herkunft, wegen Skandalen und Korruptionsfällen 2003 abgesetzt; wechselvolle und unstabile politische Entwicklung in der Folgezeit
ab 2003	allmählicher wirtschaftlicher Aufschwung (Bergbauboom); es gelingt aber nicht, die Armut im Lande spürbar zu reduzieren
2011	Der Präsident Garcia gründet mit seinen Amtskollegen aus Chile, Kolumbien und Mexiko in Lima das Regionalbündnis „Pazifik-Allianz".

9 Wirtschaftliche Strukturen in der Kolonialzeit

Ebenda, S. 32

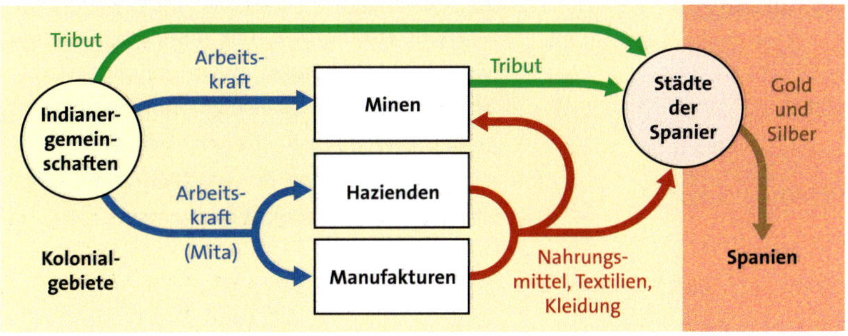

TERRA METHODE

10 Siedlung im Andenhochland

11 Bevölkerungsverteilung (Anteil der Regionen in %)

Nach Jürgen Bähr: Andenstaaten. In: Praxis Geographie 4/1985, Braunschweig: Westermann, S. 5 (aktualisiert)

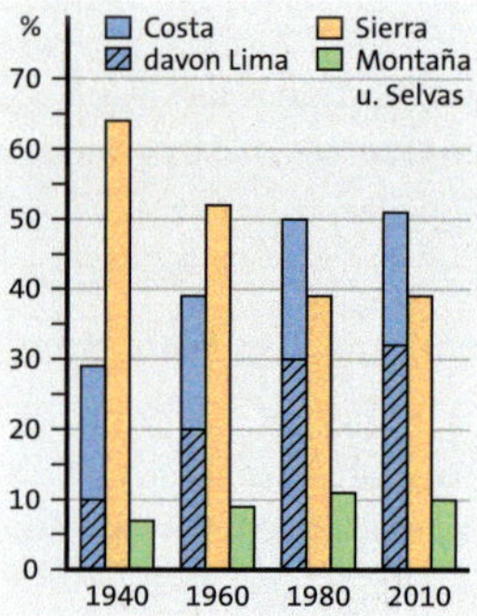

12 Bevölkerungsentwicklung Limas

UN Department of Economic an Social Affairs, Population Division (Hrsg.): World Urbanization Prospects, the 2009 Revision. New York 2010

	Einw. (Tsd.)	jährl. Wachstum (%)
1950	1 066	
1960	1 756	5,67
1970	2 980	6,05
1980	4 438	4,39
1990	5 837	2,94
2000	7 294	2,36
2010	8 941	2,14

Materialien zu Bevölkerung und Siedlung

13 Ethnische Zusammensetzung und Marginalisierung

Ein Kennzeichen der demografischen Struktur ist die Marginalisierung eines Großteils der Bevölkerung. Unter Marginalisierung versteht man die Tatsache, dass größere Sozialgruppen, in Peru vor allem die indigene Bevölkerung, nicht oder kaum an den wirtschaftlichen und gesellschaftlichen Entscheidungen beteiligt sind. Die fehlende Teilnahme drückt sie auf die unterste Stufe der sozialen Skala. Diese Gruppen stehen am Rande der Gesellschaft: sozial und räumlich. Im Hochland Perus leben sie als Kleinbauern, Pächter oder Tagelöhner, in den Elendsvierteln der Küstenstädte als Gelegenheitsarbeiter oder arbeitsloses Proletariat. Viele sind noch heute Analphabeten und verstehen die spanische Sprache nicht oder nur mangelhaft. Dies erschwert ihnen den wirtschaftlichen Aufstieg und verschließt den Zugang zu sozialer Gerechtigkeit.

Am anderen Ende der sozialen Pyramide stehen die Kreolen, die im Land geborenen weißen Nachfahren der spanischen Eroberer. Sie machen etwa 15 % der Gesamtbevölkerung aus, leben vornehmlich in den Küstenstädten und nehmen wirtschaftlich und vielfach auch politisch die Führungspositionen des Landes ein.

Neben diesen beiden Gruppen steht die große Zahl der Cholos (ca. 37 % der Gesamtbevölkerung). Zu ihnen gehören sowohl echte Mischlinge als auch Indigene, die sich an die Lebensweise der Weißen angepasst haben. Die Zugehörigkeit zu dieser Gruppe ist weniger eine Frage der Hautfarbe als eine Frage des sozialen Status. D. h., mit dem Begriff Cholo werden all diejenigen zusammengefasst, die sich von der Lebensweise der Indigenen gelöst haben und danach streben, sich den soziokulturellen Normen der westlich orientierten städtischen Oberschicht anzupassen.

14 Verstädterung

„Unter den Regionen des Südens ist in Lateinamerika der Grad der Verstädterung am größten. Nach Schätzungen der Vereinten Nationen leben dort fast 470 Mio. Menschen in Städten und Stadtregionen, das entspricht einer Quote von 79,6 %. Im internationalen Vergleich liegt Lateinamerika damit seit einigen Jahren vor Westeuropa – Deutschland (73 %) hat es schon im Jahre 1996 überholt."

Michael Janoschka / Michael May: Die Stadt im neoliberalen Zeitalter: Bürgersinn in der Megacity. In: Bundeszentrale für politische Bildung (Hrsg.): Lateinamerika verstehen lernen. Bonn 2011, S. 245

15 Städtische Fragmentierung

„Unsere Eindrücke und Vorstellungen von Lateinamerika werden heute vor allem durch Darstellungen vielfach bunter Stadtwelten geprägt ... Die urbane Vielfalt scheint dabei unerschöpflich ...

Jenseits dieses touristischen Blicks sind es jedoch vor allem das augenscheinliche Chaos und die städtische Armut, die mit den Großstädten verbunden werden. Von überalterten Bussen und Taxis verstopfte Straßen gehören ebenso zum Stadtbild wie ausufernde Elendsviertel. Sie erklimmen teils steile Berghänge oder erstrecken sich in eine schier unendliche und oft traurig anmutende Peripherie. In Medienberichten werden sie vielfach als Orte beschrieben, in denen sich Armut und Kriminalität zu einem explosiven Gemisch verbinden. Eine solche Darstellung, wenn auch in Teilen falsch, schürt erfolgreich die Angst, vor allem unter den Menschen, die diese Viertel noch nie betreten haben. Und sie führt dazu, dass sich diejenigen, die es sich leisten können, immer mehr zurückziehen und gleichsam einbunkern: in privat organisierten, bewachten und zwangsbeschränkten Nachbarschaften, sogenannten gated communities. Auch deshalb haben sich Tore, Mauern, Zäune und Wachmänner mittlerweile zu einem bestimmenden Zeichen der lateinamerikanischen Stadtregionen entwickelt."

Ebd. S. 244

Materialien zur Landwirtschaft

16 Strukturelle Gegensätze

Vor der durch die Militärjunta 1969 eingeleiteten Agrarreform war die peruanische Landwirtschaft durch folgende Merkmale gekennzeichnet:
- eine geringe Produktivität – ca. 50 % der Erwerbstätigen waren im Agrarsektor beschäftigt, der aber nur 15 % zum BIP beitrug;
- ein niedriges Einkommen der in der Landwirtschaft Tätigen und dadurch weit verbreitete Armut im ländlichen Raum;
- eine unzureichende Produktion, sodass Nahrungsmittel in großem Umfang eingeführt werden mussten;
- eine extrem ungleiche Landverteilung; ca. 85 % der landwirtschaftlichen Nutzfläche waren im Besitz von nur 1,3 % der Betriebe;
- das Nebeneinander von kapitalintensiven Großbetrieben in den Küstenregionen (Marktfruchtanbau vielfach in Monokulturen bzw. auf Plantagen), großen feudalartig geführten Latifundien in der Sierra (Haziendas) sowie Klein- und Kleinstbetrieben der indigenen Bevölkerung in den Andenregionen.

17 Ziele und Maßnahmen der Agrarreform

Die Agrarreform hatte wirtschaftliche und soziale Funktionen:
- Steigerung der Produktion durch Erhöhung der Produktivität und durch die Erschließung von Landreserven,
- gerechte Besitz- und Einkommensverteilung,
- größtmögliche Beteiligung der Betroffenen an den Entscheidungen.

Die wichtigsten Maßnahmen waren:
- Enteignung der Großbetriebe,
- Abschaffung des Haziendasystems,
- Aufstockung der kleinen Betriebe,
- Beseitigung unbefriedigender Pachtverträge.

18 Großflächiger Marktfruchtanbau in den Küstenoasen

19 Anbauterrassen der Indigenen im Andenhochland

20 Ergebnisse der Agrarreform und gegenwärtige Situation

Als erstes wurden die Zuckerhaziendas im Norden der Costa enteignet, dem Hauptverbreitungsgebiet der in- und ausländischen Oligarchien. Später folgten die Haziendas in der Andenregion. Das enteignete Land (96 % der Latifundien) wurde mit einer starken zeitlichen Verzögerung an Landlose und Kleinbauern verteilt, eine gerechte Einkommensverteilung wurde jedoch nur teilweise erreicht, und auch die Kolonisationsprojekte in den östlichen Landesteilen blieben von untergeordneter Bedeutung. Durch die Bildung von Produktionsgenossenschaften konnte die Effizienz der Großbetriebe weitgehend erhalten werden, sodass es nicht zu eklatanten Produktionseinbrüchen kam. Die Produktionszuwächse waren jedoch insgesamt gering. Die überkommenen krassen Gegensätze zwischen Costa und der Peripherie, insbesondere der Sierra, konnten nicht abgebaut werden. Die Gründe dafür sind nicht nur in der besseren Qualität der Böden, sondern vor allem in dem hohen Anteil an Bewässerungsland, dem fortgeschrittenen Mechanisierungsgrad der Betriebe und der besseren infrastrukturellen Erschließung der Costa zu suchen. Somit blieben die bereits vor der Agrarreform bestehenden regionalen Gegensätze weitgehend bestehen.

8 TERRA **METHODE**

Materialien zur Industrie

21 Bodenschätze und Industriestandorte

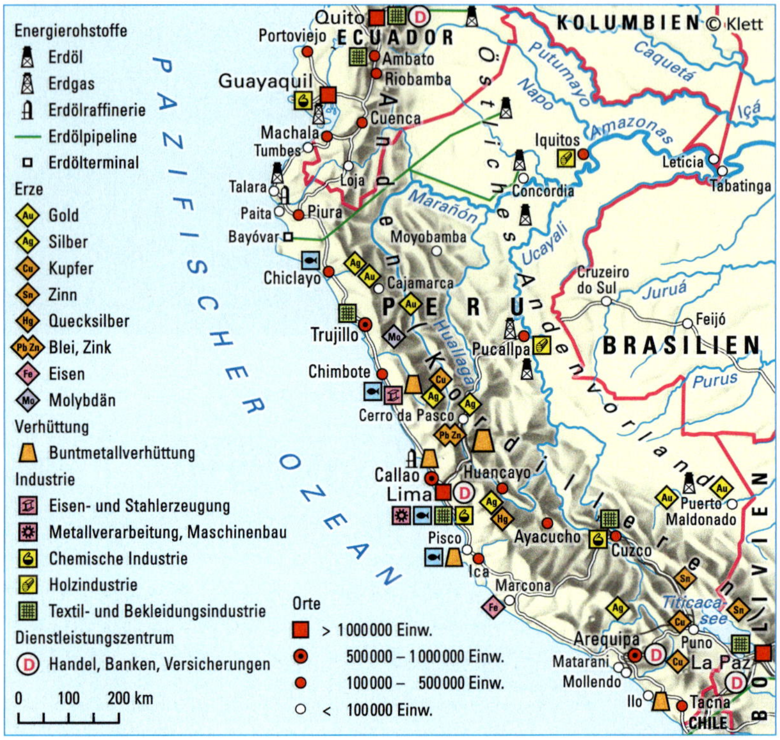

22 Strukturwandel

Das Schwergewicht der wirtschaftlichen Tätigkeiten hat sich seit Mitte der 1960er-Jahre kontinuierlich vom agrarischen Sektor zum Bergbau und zur industriellen Produktion verschoben. Während 1950 der Anteil der im Sekundären Sektor Beschäftigten noch bei 20 % lag, hat er sich bis heute auf nahezu 50 % erhöht. Fast 70 % der Exporterlöse Perus entfallen allerdings auf Bergbauprodukte und Erdöl, d. h. der Anteil von industriell verarbeiteten Gütern ist nach wie vor vergleichsweise gering. War die industrielle Produktionsstruktur lange durch das Übergewicht der importsubstituierenden Konsumgüterindustrie gekennzeichnet, zeigt sich in den letzten Jahrzehnten eine Verlagerung auf die Grundstoff- und Produktionsgüterindustrie (Eisen- und Metallerzeugung, Petrochemie) sowie auf die Investitionsgüterindustrie.

23 Fremdbestimmung und räumliche Konzentration

Die positiven Entwicklungen im Bergbau und im industriellen Sektor können nicht über entscheidende Defizite und Entwicklungsprobleme hinwegtäuschen. Als nachteilig hat sich vor allem die starke Auslandsabhängigkeit der peruanischen Wirtschaft, der geringe Beschäftigungseffekt des modernen Industrialisierungsprozesses sowie die einseitige Konzentration der Industrie auf den Raum Lima erwiesen.
Das Wachstum der peruanischen Industrie wurde entscheidend von ausländischen Unternehmen getragen. Kapitalmangel zwang die Regierung Perus dazu, den Zufluss ausländischen Privatkapitals zu erleichtern. Dies führte zu umfangreichen Direktinvestitionen in Form von Industriegründungen oder Tochtergesellschaften ausländischer Großunternehmen. Kritiker weisen immer wieder darauf hin, dass die Konzentration der Industrie in ausländischen Händen zu einer Überfremdung und Steuerung von außen geführt hat. So war es folgerichtig auch das Bestreben vor allem der links bzw. nationalistisch orientierten Regierungen, den Fremdeinfluss einzudämmen, allerdings nur z. T. mit Erfolg.
Für die Regionalentwicklung hat sich als nachteilig ausgewirkt, dass die überwiegende Zahl der Industrieunternehmen sich im Raum Lima ansiedelte. Der Anteil dieses Raumes am industriellen Produktionswert lag lange Zeit bei über 50 %. Die Jahreseinkommen liegen auch heute noch deutlich höher als im übrigen Land.
Der Vorgang der Verlagerung des wirtschaftlichen Schwerpunktes an die Küste hatte bereits während der Kolonialzeit begonnen und sich mit der Eröffnung des Panamakanals 1914 und der neokolonialen Einflussnahme noch verstärkt. Als Folge dieser Entwicklung haben sich die ohnehin existierenden regionalen Entwicklungsunterschiede noch verstärkt. Die regional unausgewogene Verkehrsentwicklung erschwert zudem die industrielle Entwicklung der Peripherie, sodass auch die regionalen Disparitäten durch die Industrie nicht abgebaut werden konnten.

Materialien zum Tourismus

24 Peru hat Vieles zu bieten

Gehen Sie auf Ihrer Perureise auf die Suche nach dem verlorenen Inkareich und lassen Sie sich von der grandiosen Natur überwältigen: verschneite Andengipfel, schroffe Täler, einsame Hochebenen, der tiefblaue Titicacasee oder der unberührte tropische Regenwald im Amazonastiefland. Erleben Sie die kulturelle Vielfalt mit den zahlreichen archäologischen Fundstätten des „Griechenlands Südamerikas". So oder so ähnlich könnte der Text einer Werbebroschüre zum Fremdenverkehr in Peru lauten. In der Tat: Peru hat Vieles zu bieten. Dazu gehören die Costa mit den langen Stränden für den Wassersport, die ausgezeichneten Möglichkeiten der Sierra für Alpinismus und Trekkingtouren, die tropischen Regenwaldgebiete für Kanutouren oder für einen Aufenthalt in einer Urwaldlodge. Bevorzugte Tourismusziele sind der Titicacasee, der höchst gelegene schiffbare See der Erde, und die Inkaruinen von Macchu Pichu, die am häufigsten besuchte archäologische Fundstätte in ganz Südamerika.

25 Später Start, aber schnelles Wachstum

Angesichts dieses weiten Angebots mag es verwundern, dass Peru lange Zeit nur eine unbedeutende Rolle im internationalen Tourismus spielte. Dies hat sich in den letzten Jahrzehnten jedoch grundlegend geändert. Inzwischen ist das Land ein beliebtes Ziel im internationalen Tourismus.

26 Entwicklung des Tourismus in Peru

Nach Angaben der Weltbank (2010 Schätzung)

	2000	2005	2010
Internationale Ankünfte (1 000)	800	1 571	2 829
Einnahmen (Mio. US-$)	861	1 438	3 250

27 Der Titicacasee, bekannt für seine aus Schilf gebauten schwimmenden Inseln, auf denen heute noch viele Indigene leben

28 Abbau regionaler Disparitäten durch den Tourismus

„Der Fremdenverkehr bietet sich als Instrument zur Abschwächung disparitärer Strukturen aufgrund seiner spezifischen Standortansprüche an. Im Unterschied zu alternativen Wirtschaftsbranchen weist der Fremdenverkehr eine Tendenz zur Peripherie auf, u. a. deshalb, weil touristische Attraktionen häufig eine große räumliche Streuung aufweisen ... Das primäre und – eingeschränkter – das sekundäre Angebot sind in der Regel nicht transportierbar, sondern standortfixiert und raumgebunden. Während andere Wirtschaftsbranchen ihre Güter überwiegend an die Standorte der Konsumenten, d. h. in die Bevölkerungs- und Wirtschaftsagglomerationen, transportieren müssen, suchen Touristen infolge der Standortbindung des touristischen Angebots die häufig peripheren Standorte der Fremdenverkehrswirtschaft auf ...
Die regionalpolitische Bedeutung des Tourismus als Instrument zur Abschwächung disparitärer Strukturen wird dadurch erhöht, dass Betriebe des Tourismusgewerbes häufig gerade dort günstige Standortgrundlagen besitzen, wo andere Branchen nicht nur wegen der Peripherielage benachteiligt sind, sondern oft überhaupt keine nutzbaren Ressourcen vorfinden ...
Da die Tourismuswirtschaft – wiederum im Unterschied zu vielen anderen Wirtschaftszweigen – viele der zu ihrer Leistungserstellung notwendigen Inputs oft besonders günstig aus dem Nahbereich beziehen kann, sind die von einem Touriszentrum auf die Region ausstrahlenden Wachstumsimpulse oft beträchtlich ...
Aus innovations- und diffusionstheoretischer Sicht kann der Fremdenverkehr so in Peripherieräumen die Funktion eines sektoralen und räumlichen Wachstumspols übernehmen, von dem bei günstigen Rahmenbedingungen vielfältige Multiplikatoreffekte auf vorgelagerte Wirtschaftsbereiche ausstrahlen können, sodass das regionale Einkommen erhöht und schließlich des Gefälle zu den wirtschaftsdynamischen Zentralräumen relativiert werden kann."

Karl Vorlaufer: Tourismus in Entwicklungsländern. Darmstadt: Wissenschaftliche Buchgesellschaft 1996, S. 172 – 174 (stark gekürzt)

9 Kompetenzen vernetzen, überprüfen, nachweisen und erweitern

Als Vorbereitung auf Ihren weiteren Bildungsweg und auf Ihren beruflichen Werdegang müssen Sie als Schülerinnen und Schüler der gymnasialen Oberstufe einerseits in der Lage sein, den eigenen Lernprozess zu strukturieren, zu verbessern und zu reflektieren. Andererseits wird von Ihnen die Fähigkeit verlangt, das im Unterricht erworbene fachliche Wissen und methodische Können auch nachzuweisen und angemessen darzustellen, z. B. in Klausuren und letztendlich auch in der Abiturklausur.

Dieses Kapitel bietet Ihnen zunächst einmal eine Zusammenfassung der Gesamtthematik des Themenbandes mit den wichtigsten Fachbegriffen in der Randspalte (S. 83). Anhand ausgewählter Arbeitsaufträge können Sie dann Ihre erworbenen Kompetenzen überprüfen. Die Lösungen zu diesen Aufgaben finden Sie in der Internetbegleitung zu diesem Band.

Sie erhalten auch Tipps zur erfolgreichen Bewältigung einer Klausur und die Möglichkeit, mithilfe einer Musterklausur zu trainieren. Nützlich dafür ist auch die Übersicht im hinteren Buchdeckel, in der Anforderungsbereiche und Operatoren für Prüfungsaufgaben zusammengestellt sind, die Ihnen auch bei der Lösung der Arbeitsaufträge in diesem Schülerbuch helfen.
Die wichtigen Fachbegriffe des Buches, auf den Inhaltsseiten durch Fettdruck hervorgehoben und zusammenfassend aufgelistet auf Seite 83, wurden im Anhang nochmals definiert. Festigen Sie hier Ihr Begriffswissen.
Über die Seitenangaben im Sachregister können Sie sich bestimmte Begriffe und Inhalte des Buches im Kurzzugriff erschließen.
Die Literaturhinweise ermöglichen Ihnen einen Einstieg in vertiefende Studien und Arbeiten zum Thema.

1

9.1 Kompetenzen vernetzen

2 Lateinamerika: Rohstoffe, Landnutzung, Metropolen

Lateinamerika ist ein Kontinent der Gegensätze. Diese Aussage bezieht sich zum einen auf die verschiedenartigen Landschaften vom Hochgebirge der Anden und Küstenwüsten im Westen bis hin zu Tiefländern und tropischen Regenwäldern entlang großer Flussläufe wie dem Amazonas. Sie beschreibt aber auch das Nebeneinander von Schwellen- und Entwicklungsländern, von dynamischen Wachstumszentren und peripheren Regionen, von wohlhabenden Eliten und marginalisierten Bevölkerungsschichten.

Allen gemeinsam ist die koloniale Prägung durch Spanier und Portugiesen. Sie haben den Kontinent seit dem 16. Jh. erschlossen und die besondere Stellung der katholischen Kirche verankert. Ihr Einfluss zeigt sich auch in der Ausprägung des spezifisch lateinamerikanischen Stadttyps. Die Exportwirtschaft war zunächst stark auf den europäischen Markt ausgerichtet (Ausfuhr z. B. von Kakao und Erzen). Im Zuge der Globalisierung unterliegen die traditionellen Wirtschaftsbeziehungen und -strukturen aber einem starken Wandel.

Diese Seite bietet eine strukturierte Zusammenschau des gesamten Themenbandes. Die folgende Doppelseite dient der Selbsteinschätzung: Verfüge ich tatsächlich über die mit der Bearbeitung der einzelnen Kapitel angestrebten Kompetenzen? Beherrsche ich das erforderliche Fachvokabular? Überprüfen Sie sich selbst.

Wichtige Fachbegriffe
(im Glossar erklärt)
Agrarkolonisation
Barrio Cerrado
Cash Crops
Ciudad Vallada
Dollarimperialismus
Food Crops
fragmentierte Stadt
Globalisierung
Grüne Revolution
Human Development Index
Imperialismus
Indigene
informeller Sektor
Kolonialismus
Konquistadoren
Maquiladora
Marginalsiedlung
Megapolisierung
MERCOSUR
Mestizierung
Metropole
nachhaltige Stadtentwicklung
Neokolonialismus
Ökofarming
peripherer Raum
Plantage
regionale Disparitäten
Shifting Cultivation
Subsistenzwirtschaft
Vorkolumbische Kulturen
Wanderfeldbau
zentraler Raum

9.2 Kompetenzen überprüfen

Überprüfen Sie – auch als Vorbereitung auf die Klausur – Ihre bei der Bearbeitung dieses Themenbandes erworbenen Kompetenzen. Hierzu finden Sie im Folgenden Aufgaben und Materialien, die ausgewählte Themen und Aspekte der vorangegangenen Kapitel aufgreifen.

Gehen Sie bei deren Bearbeitung wie folgt vor:
- Erarbeiten Sie zunächst für jede Aufgabe schriftlich Ihre eigene Lösung.
- Vergleichen Sie diese dann mit den Lösungshinweisen in der Internetbegleitung zu diesem Band (104112-0902).
- Bewerten Sie nun Ihre eigene Lösung anhand einer Notenskala von 1 (sehr gut) bis 6 (ungenügend).
- Überlegen Sie, mit welchen Maßnahmen und Methoden Sie eventuell festgestellte Lücken oder Defizite schließen bzw. beseitigen können.

1. Räumliche Orientierung

Karte zum Ausdrucken unter dem Online-Link: 104112-0901

1.1 Stellen Sie in der Karte „Lateinamerika im Überblick" ausgewählte Großlandschaften dar.

1.2 Zeichnen Sie in die Karte die wichtigsten Klimaregionen ein.

1.3 Nennen Sie Beispiele für zentrale und periphere Räume in Lateinamerika.

1.4 Tragen Sie die Staaten des MERCOSUR in die Karte ein.

2. Fachwissen

2.1 Nennen Sie Erscheinungsformen „regionaler Disparitäten" in den lateinamerikanischen Ländern.

2.2 Beschreiben Sie die klimatischen Verhältnisse der in Aufgabe 1.2 dargestellten Klimaregionen.

2.3 Stellen Sie die wichtigen Etappen der vorkolonialen, kolonialen und postkolonialen Geschichte Lateinamerikas in einer Zeitleiste dar.

2.4 Erläutern Sie ausgewählte Maßnahmen der Rohstofferschließung im brasilianischen Amazonastiefland.

2.5 Vergleichen Sie Shifting Cultivation und Plantagenwirtschaft in ihren unterschiedlichen Zielsetzungen und Durchführungen.

2.6 Stellen Sie wesentliche Merkmale der traditionellen lateinamerikanischen Stadt dar.

2.7 Erläutern Sie wesentliche Veränderungen in der Stadtstruktur seit dem 20. Jh.

2.8 Charakterisieren Sie die Stellung Lateinamerikas im Welthandel.

3. Erkenntnisgewinnung durch Methoden

3.1 Auswertung von Tabellen und Diagrammen
  a) Analysieren Sie die nebenstehenden Materialien im Hinblick auf die Wirtschaftsentwicklung und -struktur der dargestellten Länder.
  b) Erörtern Sie die Aussagekraft der beiden Materialien.

3.2 Ein Diagramm zeichnen und auswerten:
  a) Arbeiten Sie die Tabelle 17 (S. 35) in ein Diagramm um.
  b) Beschreiben Sie auf seiner Grundlage die Entwicklung der Eisenerzförderung der dargestellten Länder.

3.3 Fassen Sie nach einer Analyse des Textes 21 (S. 49) seine wichtigsten Aussagen in Thesenform zusammen.

3.4 Erörtern Sie anhand der Materialien zu Peru (S. 76 – 81), inwiefern die innerstaatlichen Disparitäten in Peru Erscheinungsform und Ursache der Unterentwicklung sind.

3 Entwicklung des BNE / Einw. in Bolivien, Brasilien, Kolumbien und Mexiko (in US-$)

Nach Der Fischer Weltalmanach, Frankfurt: verschiedene Jahrgänge

	Bolivien	Brasilien	Kolumbien	Mexiko
1992	680	2 770	1 330	3 470
1997	970	4 790	2 180	3 700
2001	950	3 070	1 890	5 530
2005	1 010	3 550	2 290	7 310
2009	1 630	8 070	4 990	8 960

4 Sektorale Wirtschaftsstruktur Chiles und Brasiliens 2010

Nach Der neue Fischer Weltalmanach 2012. Frankfurt 2011

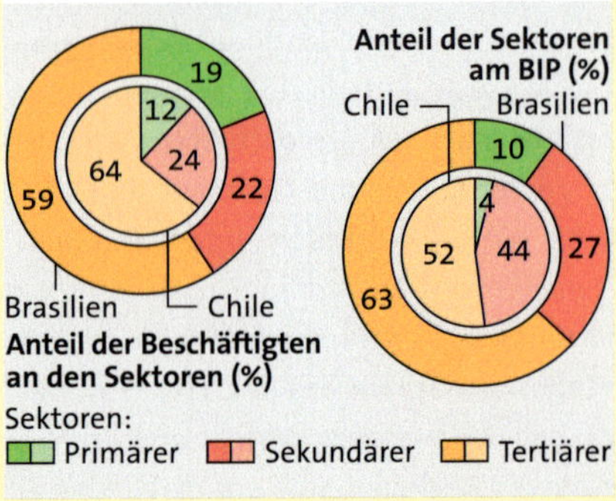

Material
Karte Lateinamerikas zum Ausdrucken
104112-0901

Material
Lösungshinweise zur Kompetenzüberprüfung
104112-0902

3.5 Erstellen Sie – ausgehend von Foto 5 und Text 6 – ein Wirkungsgeflecht zu den Ursachen und zu den räumlichen, wirtschaftlichen und sozialen Problemen des städtischen Marginalisierungsprozesses in Lateinamerika.

5 In einer Favela in São Paulo

6 Marginalisierung in São Paulo und ihre Folgen

„Das Stadtbild São Paulos wird beherrscht von Hochhäusern, ein einzelnes Kulturdenkmal oder Gebäude, das als Wahrzeichen fungiert, gibt es nicht. Der Ansammlung von Konsum und Luxus im Zentrum stehen die Favelas ... gegenüber. Die Stadt kämpft nicht nur mit sozialen Spannungen, die aus der Kluft von Arm und Reich resultieren und sich immer wieder entladen, sondern auch mit ökologischen Problemen. Fast täglich herrscht auf Grund des enormen Autoverkehrs Smog. Auch die beiden Flüsse, der Rio Tietê und der Rio Pinheiros, sind durch ungeklärte Abwässer stark verschmutzt, Trinkwasser muss aus entfernten Stauseen bezogen werden, ungeachtet dessen ist die Wasserqualität dennoch schlecht.
Nach Schätzungen soll es in São Paulo 2000–2500 Favelas geben, informelle Siedlungen mit fast ausschließlich armer Bevölkerung. Die meisten liegen am Stadtrand. Fast immer werden diese Stadtviertel von Banden beherrscht, die mafiaähnlich strukturiert sind. ... Mitte 2006 kam es zu den bislang heftigsten Anschlägen ... auf kommunale und staatliche Einrichtungen; dabei weiteten sich die Unruhen auf andere Städte des Landes aus. Rund 170 Menschen starben damals."

Sonja Ernst: São Paulo. In: Bundeszentrale für politische Bildung (Hrsg.): Dossier Mega-Städte im Profil.

4. Kommunikation

4.1 „Lateinamerika, ein Kontinent der Gegensätze". Erstellen Sie dazu ein Thesenpapier als Grundlage für eine Diskussion im Plenum.

4.2 Führen Sie ein Pro-und-Kontra-Gespräch zum Thema „Belo Monte – Strom für Brasiliens Zukunft" durch.

4.3 Gestalten Sie einen Flyer, in dem Sie für den Kauf von ökologisch angebautem Kaffee aus Costa Rica werben.

4.4 Gestalten Sie einen Zeitungskommentar, in dem Sie sich mit der These von Mike Davis (Text 7) auseinandersetzen.

4.5 „Städte Lateinamerikas: Brennpunkte der Entwicklung". Diskutieren Sie diese These in einem Pro-und-Kontra-Gespräch.

7 Slums: Stätten der Hoffnungslosigkeit

„Slums bedeutet für Davis die Ausbeutung der Armen durch die etwas weniger Armen, die Vertreibung und Verachtung der Neuankömmlinge durch solche, die sich ein paar Jahre früher hier ihren Platz erkämpften. Slums sind für ihn eine Globalisierung des Elends, in der Frauen und Kinder Motor der Schattenwirtschaft sind, ohne davon je zu profitieren. Brände, Überflutungen, Schlammlawinen, Chemieunfälle, Behördenwillkür und Gewalt treffen vor allem die urbanen Nichtorte. ... ‚Im Slum', sagt Davis, ‚stirbt jede Hoffnung.'"

Petra Steinberger: Anfang im Elend. In: Süddeutsche Zeitung 26.04.2007 (Feuilleton)

5. Beurteilung und Bewertung

5.1 „Der Kolonialismus liefert die wichtigste Erklärung für den heutigen Entwicklungsstand der meisten lateinamerikanischen Länder." Nehmen Sie Stellung zu dieser Aussage.

5.2 Beurteilen Sie am Beispiel eines lateinamerikanischen Landes Ihrer Wahl die Bedeutung des Verkehrsnetzes für die wirtschaftliche Erschließung peripherer Räume.

5.3 „Die politische Situation in Venezuela hemmt die Entwicklung des Landes." Bewerten Sie diese Aussage.

5.4 Beurteilen Sie die Notwendigkeit von Agrarreformen in den lateinamerikanischen Ländern.

5.5 Beurteilen Sie die Bedeutung des informellen Sektors.

Klausuren zählen zu den wichtigsten Leistungsnachweisen der Oberstufe. In ihrem Aufbau und im Anforderungsniveau unterscheiden sie sich kaum von den Abiturprüfungsaufgaben. Nur ihre Länge und der zu bearbeitende stoffliche Umfang sind geringer. Zur Vorbereitung auf die Abiturprüfung ist es also für Sie wichtig, das Lösen von Klausuraufgaben zu trainieren.
Vor der Bearbeitung des vorliegenden Klausurbeispiels sollten Sie sich zunächst noch einmal anhand des Operatorenkataloges im hinteren Buchdeckel einen Überblick über die Anforderungsbereiche und Operatoren verschaffen. Sie entsprechen in Niveau und Inhalt genau den Vorgaben für die Abiturklausur.

9.3 Eine Klausur zum Üben

Zehn Tipps zum Bearbeiten einer Klausur

1. Erfassen Sie genau, was die Aufgabe von Ihnen verlangt.
- Lesen Sie die Aufgabenformulierung gründlich durch: Was wird gefordert? Welches Material kann welcher Aufgabe zugeordnet werden?
- Markieren Sie Schlüsselbegriffe, die Ihnen die gestellten Anforderungen erschließen.

2. Beachten Sie die Operatoren.
- Es handelt sich um Verben, die genau angeben, was von Ihnen verlangt wird.
- Sie sind Anforderungsbereichen mit ansteigendem Schwierigkeitsgrad zugeordnet.

3. Klären Sie die Lage des Untersuchungsgebietes.
- Ordnen Sie das Klausurbeispiel räumlich ein (Atlas).
- Gliedern Sie ggf. das Untersuchungsgebiet in Teilräume.

4. Strukturieren Sie die Ihnen zur Verfügung stehende Zeit.
- Nehmen Sie sich ausreichend Zeit zum Lesen der Aufgaben und Materialien.
- Legen Sie ein grobes Zeitraster fest und planen Sie ausreichend Zeit für die abschließende Durchsicht ein.

5. Bearbeiten Sie sorgfältig die vorgelegten Materialien.
- Sichten Sie das Material und ordnen Sie es den Teilaufgaben und -aspekten zu.
- Markieren Sie dabei wichtige Inhalte, Fach- und Schlüsselbegriffe auf den Materialseiten.
- Überprüfen Sie, ob geeignete Atlaskarten zur Verfügung stehen (Markierung der Seiten mit Klebezetteln).
- Analysieren Sie die Materialien und fertigen Sie eine strukturierte Ideensammlung an.

6. Formulieren Sie für Ihre Lösungen einen griffigen Einstieg.
- Es ist häufig sinnvoll, zunächst den thematischen Schwerpunkt oder die Problemstellung der Aufgabe kurz darzustellen.
- Gehen Sie dann auf die Situation des Untersuchungsraumes ein.

7. Gliedern Sie Ihre Ausführungen.
- Achten Sie darauf, inhaltliche Schwerpunkte zu setzen.
- Orientieren Sie sich dabei an den Vorgaben bzw. Gliederungen, die die Aufgabenstellung anbietet.
- Gliedern Sie Ihre Ausführungen nicht nur inhaltlich sondern auch formal.

8. Formulieren Sie ansprechend.
- Antworten Sie in vollständigen Sätzen. Mit der Art Ihrer Satzverbindungen beweisen Sie Ihr Problemverständnis.
- Leiten Sie auch Aufzählungen mit einem Satz ein.
- Verwenden Sie die Fachsprache, das schafft Klarheit und spart viele Worte.

9. Ziehen Sie am Ende Ihrer Ausführungen ein abschließendes Fazit.
- Fassen Sie noch einmal kurz das Wesentliche zusammen.
- Begründen Sie – wenn notwendig – eine eigene Meinung bzw. Position

10. Schauen Sie Ihre Lösungen noch einmal im Gesamten durch.
- Achten Sie hierbei vor allem auf die Lesbarkeit Ihres Textes, auf Rechtschreibung, Grammatik und sprachliche Genauigkeit.
- Überprüfen Sie Logik und Vollständigkeit Ihrer Ausführungen.

Viel Glück und Erfolg!

Klausurbeispiel: Nachhaltige Forstwirtschaft im tropischen Regenwald – Mil Madeireira Ltda., Amazonien

1 Beschreiben Sie den Vorgang nachhaltiger Holzwirtschaft am ausgewählten Beispiel.

2 Stellen Sie anhand der Materialien die unterschiedlichen Formen und Entwicklungen eines nachhaltig wirtschaftenden Unternehmens dar.

3 Erörtern Sie die Notwendigkeit, aber auch die Grenzen einer nachhaltigen Forstwirtschaft in Amazonien.

Arbeitsmaterial

Atlaskarten Ihrer Wahl
M8: Das Unternehmen Precious Woods Amazon
M9: Nachhaltige industrielle Waldbewirtschaftung
M10: Kenndaten von Precious Woods Amazon
M11: Kenndaten des Gesamtunternehmens
M12: Gesamteinnahmen nach Unternehmensbereichen und Marktregionen
M13: Folgeproblem Bodenerosion
M14: Nachhaltige Nutzung und ihre Problematik
M15: Fakten zum Holzeinschlag in Amazonien
M16: Notwendigkeit nachhaltiger Holzwirtschaft

8 Das Unternehmen Precious Woods Amazon und sein Standort Mil Madeireira

„Precious Woods ist in Brasilien seit 1996 im Bundesstaat Amazonas tätig. Precious Woods Amazon betreibt bei Itacoatiara, 250 km östlich von Manaus nachhaltige Forstwirtschaft auf 506 637 ha eigenem Land und Konzessionen. ... Precious Woods Amazon ist seit 1997 nach den Kriterien des Forest Stewardship Council (FSC) zertifiziert. FSC-Wälder werden auf der Grundlage eines Forstwirtschaftsplans auf nachhaltige Weise bewirtschaftet, indem auf [einem Hektar] Wald lediglich zwei bis drei Bäume pro Zyklus von 25 Jahren geerntet werden. Diese sanfte und nachhaltige Nutzung schafft gleichzeitig eine Einkommensquelle für die einheimische Bevölkerung, was wiederum zum Schutz des Waldes beiträgt. Das geerntete Holz wird im eigenen Betrieb zu Schnittholz, Hobelware, Rammpfählen und Fertigprodukten verarbeitet. Die Holzprodukte werden ... exportiert sowie auf dem lokalen Markt verkauft."

Brunhilde Mauthe, Precious Woods Holding AG: Geschäftsbericht 2011, Precious Woods

9 Nachhaltige industrielle Waldbewirtschaftung durch die Firma Mil Madeireira Ltda. (Precious Woods Amazon)

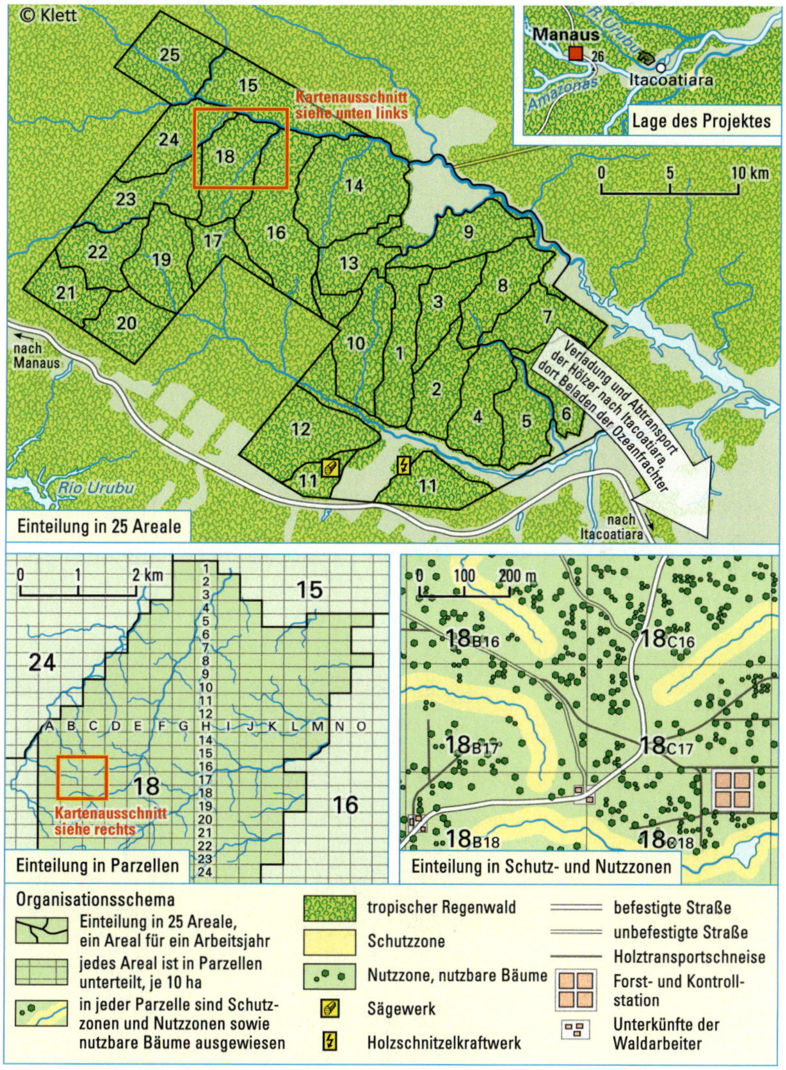

TERRA TRAINING

10 Kenndaten von Precious Woods Amazon

Precious Woods Holding AG: Geschäftsbericht 2010, S. 18 sowie Geschäftsbericht 2011, S. 18

Holzproduktionsbereich	2009	2010	2011
Verkauf Schnittholz und Fertigprodukte (m^3)	22 400	28 700	30 400
Verkauf Rundholz und Pfähle (m^3)	15 200	1 600	10 500
Verkauf Biomasse (m^3)	70 300	93 400	95 200
Nettoumsatz (Mio. US-$)	9,4	14,1	14,7
Betriebsergebnis (Mio. US-$)	– 10,1*	– 29,8*	– 1,7
CO_2-Emissionen (t)	2 900	3 700	3 800
Anteil zertifiziertes Holz (%)	100	99	99

* Enthalten sind hierin Restrukturierungskosten als Reaktion auf die weltwirtschaftlich bedingten Krisenjahre und ungünstige Produktionsbedingungen sowie Kosten in Verbindung mit dem Schließen des Produktionsstandortes im Bundestaat Pará aufgrund von Rechtsunsicherheiten.

11 Kenndaten des Gesamtunternehmens Precious Woods

Ebenda, S. 3, S. 34

	2008	2009	2010	2011
Gesamteinnahmen (1 000 US-$)	116,8	87,8	70,0	69,0
Reinverlust/-gewinn (1 000 US-$)	–14,4	–28,4	–66,0	–56,2
Eigenkapital (1 000 US-$)	184,3	168,3	112,3	71,8
Beschäftigte*	2 261	1 706	1 557	1 511
davon in				
Brasilien		689	679	544
Gabun		641	638	677
Zentralamerika		280	155	217
Europa		23	32	44

* abweichende Gesamtsummen der Beschäftigten: nicht alle Unternehmensbereiche werden hier aufgeführt

12 Gesamteinnahmen/-umsätze 2010 nach a) Unternehmensbereichen und b) Marktregionen

Nach Geschäftsbericht Precious Woods 2010, S. 3

a) **Gesamteinnahmen: 80 501 000 US-$**

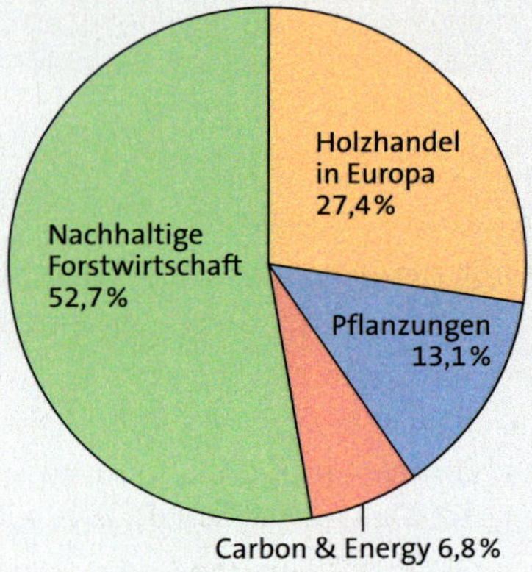

b) **Gesamtumsätze: 72 064 000 US-$**

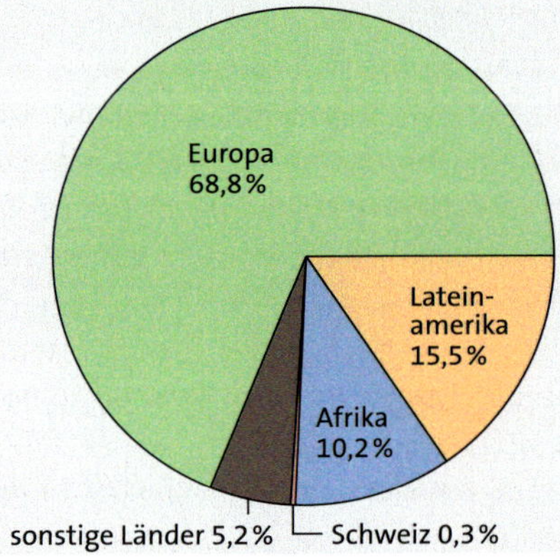

13 Ein Folgeproblem unsachgemäßen Holzeinschlags: Bodenerosion

14 Nachhaltige Nutzung und ihre Problematik

„Nachhaltige Forstwirtschaft schützt den Tropenwald durch schonende Nutzung. Pro Hektar (entspricht zwei Fussballfeldern) werden in 25 Jahren nur etwa ein bis fünf Bäume geerntet. Wertvolle Biotope und Waldzonen bleiben unberührt. Der Wald erhält einen wirtschaftlichen Wert und wird daher nicht in Agrarfläche umgewandelt. Daraus entsteht wiederum ökologischer Mehrwert. Sozialen Mehrwert schafft Precious Woods mit Arbeitsplätzen zu fairen Arbeitsbedingungen in Entwicklungsländern sowie mit Beiträgen an die lokalen Dorfgemeinschaften in den Waldgebieten. Zum Teil werden fehlende staatliche Angebote im Bildungs- und Gesundheitswesen ausgeglichen. Dieser Einsatz macht es oft schwerer, auch wirtschaftlichen Mehrwert zu schaffen ...
Die zentrale Herausforderung ist [also], mit nachhaltig produziertem Tropenholz nicht nur ökologischen, sondern auch wirtschaftlichen Mehrwert zu schaffen. Die Konkurrenz drückt durch Abholzungen, illegalen und/oder nicht nachhaltigen Holzeinschlag nach wie vor die Preise.
Gesetzliche Maßnahmen in den USA, in Asien und vielen europäischen Staaten greifen noch nicht. Zudem sind einige unserer seriösen Mitbewerber nun ebenfalls FSC-zertifiziert. Das Interesse der Kunden an FSC-Holz ..., ist jedoch noch nicht über eine Nische im Gesamtmarkt hinausgewachsen." Geschäftsbericht Precious Woods 2010, S. 37

16 Notwendigkeit nachhaltiger Holzwirtschaft

„In Zentral- und Südamerika stehen tropische Wälder unter hohem Nutzungsdruck. Soziale und wirtschaftliche Ungerechtigkeiten, Armut und fehlende Arbeitsplätze treiben unzählige Menschen auf der Suche nach Land für Landwirtschaft und Siedlungsbau in tropische Waldgebiete. Der intakte Wald wird als wertlos betrachtet und abgebrannt. Das anfallende Holz ist lediglich ein Nebenprodukt mit geringem Wert.
Auch die unsachgemässe Holzwirtschaft gefährdet den Wald. Je sorgloser Bäume gefällt und gerückt werden und je mehr schwere Maschinen dabei verwendet werden, desto häufiger werden junge Bäume und die bodennahe Vegetation vernichtet. Das Kronendach wird an vielen Stellen großflächig geöffnet. Regen schwemmt die dünne Erdschicht weg. Durch den Bau von Straßen werden häufig Wasserwege gestaut und die im Wasser stehenden Bäume sterben ab. Precious Woods entwickelte das Konzept der nachhaltigen Forstwirtschaft, um die gefährdeten Wälder gleichzeitig zu schützen und zu nutzen. Für die lokale Bevölkerung wird ein wirtschaftlicher Anreiz geschaffen, den Wald zu erhalten, anstatt ihn mangels anderweitiger Perspektiven zu zerstören."

www.preciouswoods.com/index.php?option=com_content&task=view&id=203&Itemid=31&lang=de, März 2012

FSC-Zertifizierung
FSC steht für „Forest Stewardship Council", eine internationale Non-Profit-Organisation, die 1993 mit dem Ziel gegründet wurde, eine umweltfreundliche, sozial verträgliche und ökonomisch tragfähige Forstwirtschaft zu fördern. Mitglieder sind Umweltgruppen, soziale Bewegungen, Organisationen indigener Völker und Vertreter der Forstwirtschaft und des Holzhandels. Aufgestellt werden Prinzipien und Kriterien; die Forstbetriebe werden nach entsprechenden Indikatoren überprüft und bei Erfüllung zertifiziert.

15 Fakten zum Holzeinschlag in Amazonien mit dem Ziel der Holzgewinnung

Nach Bundeszentrale für politische Bildung (Hrsg.): Lateinamerika verstehen lernen. Bonn 2011, S. 197 f.

Beginn der Holzgewinnung in großem Stil		Anfang 1980er-Jahre
Anteil des Amazonasholzes an der brasilianischen Gesamtproduktion		
1990		14 %
2010		85 %
Holzeinschlag/Jahr in Amazonien		25–30 Mio. m³
davon		
zertifiziert		ca. 4 %
illegal		ca. 80 %
Zertifizierung		
Vorteil	setzt Produktionsstandards	
Nachteil	erfasst nur eine Nischenproduktion	

9.4 Literatur für die Schülerhand

Aufgeführt sind nur grundlegende Werke und Aufsätze. Über spezielle Literatur geben die Quellenangaben zu den Materialien des Buches Auskunft.

Ganzschriften und Themenhefte

Bähr, Jürgen, und Ulrich Jürgens:
Stadtgeographie II. Regionale Stadtgeographie. Braunschweig: Westermann 2009

Bernecker, Walther L., u. a. (Hrsg.):
Lateinamerika 1870 – 2000. Geschichte und Gesellschaft. Wien: Promedia 2007

Borsdorf, Axel, und Walter Hödl (Hrsg.):
Naturraum Lateinamerika: Geographische und biologische Grundlagen. Wien: LIT Verlag 2006

Borsdorf, Axel, und Oliver Bender:
Allgemeine Siedlungsgeographie. Wien, Köln, Weimar: Böhlau Verlag 2010

Bundeszentrale für politische Bildung (Hrsg.):
Lateinamerika. Informationen zur politischen Bildung, H. 300. Bonn 2008

Bundeszentrale für politische Bildung (Hrsg.):
Lateinamerika verstehen lernen. Bonn 2011

Busch, Alexander:
Wirtschaftsmacht Brasilien. Der grüne Riese erwacht. München: Hanser 2011

Fassmann, Heinz:
Stadtgeographie. Allgemeine Stadtgeographie. Braunschweig: Westermann 2009

Feldt, Heidi, u. a.:
Indigene Völker in Lateinamerika: Hintergründe – Fakten – Anregungen für den Unterricht. Eschborn: GTZ/InWent 2005

Gabbert, Karin, u. a. (Hrsg.):
Jahrbuch Lateinamerika. Analysen und Berichte. Münster: Verlag Westfälisches Dampfboot (erscheint jährlich)

Galeano, Eduardo:
Die offenen Adern Lateinamerikas. Die Geschichte eines Kontinents. Wuppertal: Hammer 2009

Geographische Rundschau, 54. Jg., H. 11:
Nordosten Südamerikas. Braunschweig: Westermann 2002

Geographische Rundschau, 56. Jg., H. 3:
Andenländer. Braunschweig: Westermann 2004

Geographische Rundschau, 62. Jg., H. 9:
Brasilien. Braunschweig: Westermann 2010

Gormsen, Erdmann:
Mexiko. Perthes Länderprofile. Gotha: Justus Perthes Verlag 1995

Graf, Patricia, und Thomas Stehnken:
Lateinamerika: Politik, Wirtschaft und Gesellschaft. Baden-Baden: Nomos 2008

Heineberg, Heinz:
Stadtgeographie. Paderborn: Schöningh 2006

Kohlhepp, Gerd (Hrsg.):
Brasilien. Entwicklungsland oder tropische Großmacht des 21. Jahrhunderts? Tübingen: Attempto 2003

Kreus, Arno, und Norbert von der Ruhren (Hrsg.):
Fundamente. Stuttgart: Klett 2008

Le Monde diplomatique:
Südamerika. Der eigene Kontinent. Berlin: taz Verlags- und Vertriebs GmbH 2011

MISEREOR (Hrsg.):
Nachhaltige Stadtentwicklung. Materialien für die Schule Nr. 37. Aachen 2006

Nohlen, Dieter, und Franz Nuscheler (Hrsg.):
Handbuch der Dritten Welt, Bd. 2. Südamerika. Bonn: Dietz 1995

Piper, Renate:
Geschichte Lateinamerikas. Stuttgart: UTB 2007

Schoop, Wolfgang:
Lateinamerika. DIERCKE Spezial. Braunschweig: Westermann 2008

Sommerhoff, Gerhard, und Christian Weber:
Mexiko. Darmstadt: Wissenschaftliche Buchgesellschaft 1999

Einzelaufsätze

Borsdorf, Axel:
Lateinamerika – Globalisierung und Stadtentwicklung. In: Politisches Lernen 3 – 4/2008

Coy, Martin, und Florian Geipel:
Staudämme in Brasilien. In: Geographische Rundschau, 56. Jg., H. 12. Braunschweig: Westermann 2004, S. 28 – 35

Coy, Martin, und Tobias Schmitt:
Brasilien – Schwellenland der Gegensätze. In: Geographische Rundschau, 59. Jg., H. 9. Braunschweig: Westermann 2007, S. 30 – 39

Krumwiede, Heinrich-W.:
Armut in Lateinamerika als soziales und politisches Problem. In: Aus Politik und Zeitgeschichte, H. B 38 – 39/2003. Bonn: Bundeszentrale für politische Bildung, S. 14 – 19

Meyer-Kriesten, Kerstin, Jörg Plöger, und Jürgen Bähr:
Wandel der Stadtstruktur in Lateinamerika. In: Geographische Rundschau, 56. Jg., H. 6. Braunschweig: Westermann 2004, S. 30 – 36

Sangmeister, Hartmut:
Wirtschaftlicher Strukturwandel und ungleiche Entwicklung in Südamerika. In: Landeszentrale für politische Bildung Baden-Württemberg (Hrsg.): Der Bürger im Staat, H. 4 - 2010.

Wehrhahn, Rainer:
Lateinamerika im Weltmarkt. In: Geographie und Schule 30. Jg., H. 173 (Juni) 2008. Köln: Aulis, S. 4 – 10

Wehrhahn, Rainer:
Global Cities in Lateinamerika. In: Geographische Rundschau 56. Jg., H. 4. Braunschweig: Westermann 2004, S. 40 – 46

9.5 Sachregister

(G) kennzeichnet die im Glossar definierten Begriffe.

9.6 Glossar

A

Agrarkolonisation: Erschließung von landwirtschaftlich bislang nicht oder kaum genutzten Gebieten für die Agrarwirtschaft; vorrangiges Ziel ist die Erweiterung der Nahrungsmittelversorgung

B

Barrio Cerrado: abgeschlossene und gegen unbefugten Zugang gesicherte Wohnanlage; verfügt diese Wohnanlage auch über Gemeinschaftseinrichtungen, wird sie als condomínio bezeichnet; im Englischen ist der Begriff Gated Community üblich

C

Cash Crops: agrarische Produkte, die für den Verkauf bestimmt sind und nicht der Selbstversorgung dienen; Gegensatz: → Food Crops

Ciudad Vallada: eine großflächige → Barrio Cerrado mit einer Einwohnerzahl von nicht selten mehr als 500 000 Bewohnern; als reine Wohngettos einer bestimmten Einkommensschicht und ohne soziale Durchmischung fehlt ihnen das typische städtische Leben

D

Dollarimperialismus: kritische Bezeichnung für die politische und wirtschaftliche Einflussnahme der USA (und anderer westlicher Industriestaaten) auf die Entwicklungsländer; obwohl die USA keine klassische Kolonialmacht war, errichteten sie ein Wirtschaftsimperium vor allem in Lateinamerika

F

Food Crops: agrarische Produkte, die für den eigenen Nahrungsbedarf angebaut werden; Gegensatz: → Cash Crops

fragmentierte Stadt: Nebeneinander sozial stark gegensätzlicher Viertel in einer Stadt, oft ausgelöst durch die Abwanderung der Mittel- und Oberschichten in die Suburbs bzw. die Ansiedlung von Gruppen der Unterschicht in → Marginalsiedlungen

G

Globalisierung: seit Ende des 20. Jh. besonders dynamisch ablaufender Prozess, in dem Rohstoffbeschaffung, Produktion, Handel mit Gütern und Dienstleistungen, Kapital, Kommunikation und Technologie über nationale Grenzen hinweg zu einem Weltbinnenmarkt zusammenwachsen

Grüne Revolution: eine in den 1960er-Jahren speziell für tropische Räume entwickelte Agrartechnologie, die mithilfe hochertragreichen Saatgutes (Hybridsorten), künstlicher Bewässerung, erhöhten Einsatzes von Dünge- und Schädlingsbekämpfungsmitteln und Mechanisierung überdurchschnittlich hohe Produktionssteigerungen erzielt

H

Human Development Index (HDI, Index der menschlichen Entwicklung): seit 1990 von der UNO benutzter Indikator zur Angabe des Entwicklungsstandes eines Landes bzw. seiner Bevölkerung; der HDI setzt sich zusammen aus der Lebenserwartung, dem Alphabetisierungsgrad und der realen Kaufkraft pro Kopf

I

Imperialismus: Politik eines Staates, die darauf abzielt, Macht und Kontrolle über Völker außerhalb der eigenen Staatsgrenze auszuüben; insbesondere die Macht- und Wirtschaftspolitik der europäischen Großmächte zur Zeit des → Kolonialismus

Indigene: Bezeichnung für die Ureinwohner eines Landes, in Lateinamerika die Nachkommen der vorkolumbischen Bevölkerung; der Begriff „Indigene“ ersetzt die Bezeichnung „Indios“, da dieser vielfach als misskreditierend angesehen wird

informeller Sektor: jener Zweig / Sektor der Wirtschaft, der weder von der Steuer erfasst noch von anderen gesetzlichen Vorschriften geregelt wird; als „Schattenwirtschaft“ kommt der informelle Sektor besonders häufig in Entwicklungsländern vor (z. B. Schuhputzer, Kinderarbeit in der Teppichindustrie, ambulanter Kleinhandel)

K

Kolonialismus: Politik eines Staates, die auf Erwerb und Ausbeutung (meist) überseeischer Gebiete in Verbindung mit der Beherrschung von deren Bevölkerung ausgerichtet ist; der Kolonialismus begann mit der Entdeckung Amerikas und fand seinen Höhepunkt in der Zeit des → Imperialismus (1870-1914)

Konquistadoren: Bezeichnung für die spanischen Eroberer, die im 16. und 17. Jh. große Teile Lateinamerikas als Kolonien in Besitz genommen hatten

M

Maquiladora: mexikanische Montagewerke, die der Lohnveredelung dienen und verstärkt nach der Gründung der NAFTA an der Grenze zu den USA errichtet wurden

Marginalsiedlung: Hüttensiedlung bzw. Siedlung mit unzureichender Bausubstanz und Infrastruktur; je nach der Lage im Stadtraum können sie am Rande oder im Stadtinnern liegen; im zweiten Fall spricht man von Slums

Megapolisierung: Konzentration von Bevölkerung sowie wirtschaftlichen, politischen und kulturellen Funktionen in einer Megastadt

MERCOSUR: Bezeichnung für den Gemeinsamen Südamerikanischen Markt, in dem die Mitgliedsstaaten eine Zollunion bilden

Mestizierung: Vermischung von Weißen und → Indigenen; abgeleitet von Mestize, d. h. Nachkomme (Mischling) eines weißen und indigenen Elternteils

Metropole: Hauptstadt eines Landes oder Millionenstadt mit herausragenden politischen, wirtschaftlichen, kulturellen und gesellschaftlichen Funktionen

N

nachhaltige Stadtentwicklung: ressourcenschonender und umweltverträglicher Städtebau; Ziel einer nachhaltigen Stadtentwicklung ist es, die städtischen Lebensverhältnisse zu verbessern, ohne die Chancen künftiger Generationen einzuschränken

Neokolonialismus: kritisch gebrauchte Bezeichnung für die Politik der Industriestaaten gegenüber den Entwicklungsländern, den ehemaligen Kolonien; der Begriff besagt, dass die Industrieländer Westeuropas zwar ihre direkte Herrschaft über die ehemaligen Kolonien aufgegeben haben, diese aber weiterhin in wirtschaftlicher Abhängigkeit halten

O

Ökofarming (Ecofarming): standortgerechter oder ökologischer Anbau; Ökofarming sucht eine Antwort auf die Benachteiligung tropischer Böden bei der monokulturellen Produktion von Nahrungsmitteln; es werden verstärkt bodenständige, traditionelle Anbaumethoden angewandt, z. B. Fruchtwechsel, Verknüpfung von Baum- und Feldkulturen, große Artenvielfalt, Stockwerkbau, Düngung mit Mulch und Tierdung

P

peripherer Raum: Raum in einer Randlage, im wirtschaftsgeographischen Sinn von randlicher Bedeutung; im wirtschaftsgeographischen Sinne muss ein peripherer Raum also nicht unbedingt randlich liegen; Gegensatz: → zentraler Raum

Plantage: landwirtschaftlicher Großbetrieb in den Tropen und Subtropen, der hochwertige Nutzpflanzen wie Tee, Kaffee, Kautschuk, Bananen oder Zucker für den Weltmarkt anbaut

R

regionale Disparitäten: Ungleichheiten bzw. Entwicklungsunterschiede zwischen Ländern bzw. Regionen, die sich vor allem in unterschiedlichen Lebensbedingungen bzw. -chancen und wirtschaftlichen Entwicklungsmöglichkeiten äußern

S

Shifting Cultivation (Wanderfeldbau): Sammelbezeichnung für Formen des Ackerbaus vor allem in den Tropen, bei denen die Anbauflächen und Siedlungen nach Erschöpfen der Bodenfruchtbarkeit in einem gewissen zeitlichen Rhythmus verlegt werden

Subsistenzwirtschaft: Selbstversorgungswirtschaft auf agrarischer Basis ohne Teilnahme am Marktgeschehen und mit nur geringem Tauschhandel; in den Entwicklungsländern teilweise noch weit verbreitet

V

vorkolumbische Kulturen: Bezeichnung für die frühen Hochkulturen in Lateinamerika vor der Eroberung durch Kolumbus, z. B. Azteken, Tolteken und Maya in Mittelamerika und Inka in den Anden Südamerikas

W

Wanderfeldbau: → Shifting Cultivation

Z

zentraler Raum: Bezeichnung für einen Verdichtungsraum mit überregionaler, z. T. auch internationaler Bedeutung; Gegensatz: → peripherer Raum

Nachweise

Cover Agence France-Press (Nasa), Berlin; **4.1** Fotosearch Stock Photography (Contrasto), Waukesha, WI; **4.2; 4.5** Fotosearch Stock Photography, Waukesha, WI; **4.3** Fotosearch Stock Photography (Lillehaug), Waukesha, WI; **4.4** Fotosearch Stock Photography (Jacques Jangoux), Waukesha, WI; **5.6** Fotosearch Stock Photography (Wilfried Korby, Korb), Waukesha, WI; **5.7** Fotosearch Stock Photography (SambaPhoto), Waukesha, WI; **5.8** Fotosearch Stock Photography (Norbert von der Ruhren, Aachen), Waukesha, WI; **5.9** Fotosearch Stock Photography (Rainer Enkelmann, Filderstadt), Waukesha, WI; **6.1** laif (Contrasto), Köln; **8.4** Thinkstock (Hemera), München; **8.5; 8.6** Klett-Archiv (Norbert von der Ruhren, Aachen), Stuttgart; **12.14** Getty Images (Mauricio Lima/AFP), München; **15.3** Klett-Archiv (Norbert von der Ruhren, Aachen), Stuttgart; **17.7** Klett-Archiv (Norbert von der Ruhren, Aachen), Stuttgart; **18.8** Wikimedia Deutschland (PD), Berlin; **18.9** Interfoto, München; **18.10** Ullstein Bild GmbH (Still Pictures/MIKE KOLLOFFEL), Berlin; **20.1** Ullstein Bild GmbH (Lillehaug), Berlin; **24.7** Thinkstock (Lifesize), München; **28.1** Peter Arnold images.de (Jacques Jangoux), Berlin; **33.11** Corbis (Sygma/Collart), Düsseldorf; **33.13** Corbis (Fridman), Düsseldorf; **36.20** Getty Images (Jerritt Clark/ WireImage), München; **37.22** EPD-GEP (Gerhard Dilger), Frankfurt; **38.24** Getty Images (Gallo Images), München; **40.1** Mauritius Images, Mittenwald; **41.3** VISUM Foto GmbH (Bernd Euler), Hamburg; **42.4** f1 online digitale Bildagentur (Aflo), Frankfurt; **42.5** StockFood GmbH (Hans Magr), München; **43.6** Nach Wolfgang Weischet: Die ökologische Benachteiligung der Tropen. Stuttgart: Teubner 1977, S. 48; **46.14** shutterstock (Dr. Morley Read), New York, NY; **47.17** Fotolia.com (Beatrica), New York; **48.18** gebana AG, Zürich; **50.22** Blickwinkel, Witten; **51.26** Logo, Stuttgart; **51.27** Peter Arnold images.de (Chlaus Lotscher), Berlin; **51.28** Ullstein Bild GmbH (Imagebroker.net), Berlin; **52.1** Klett-Archiv (Wilfried Korby, Korb), Stuttgart; **53.3** nach Jürgen Bähr und Ulrich Jürgens: Stadtgeographie II. Regionale Stadtgeographie. Braunschweig: Westermann, 2009. S. 285; **54.5** nach Axel Borsdorf: Das Ende der Stadt in Lateinamerika? In: Mitteilungen der Österreichischen Geographischen Gesellschaft, 50. Jg., Heft 4/2006, S.245; **55.8** Klett-Archiv (Axel Borsdorf), Stuttgart; **58.13** Fotolia.com (brunobym), New York; **59.17** Imago (Fotoarena), Berlin; **60.19** ddp images GmbH, Hamburg; **61.23** Getty Images (SambaPhoto), München; **62.25** Klett-Archiv (Kay Fochtmann, Leipzig), Stuttgart; **65.33 o.; 65.33 u.** Nieters, Andreas, San José; **66.1** Getty Images (SambaPhoto), München; **67.2** Le Monde diplomatique, Berlin; **68.4** laif (Manfred Linke), Köln; **71.14** Logo, Stuttgart; **72.15** Logo, Stuttgart; **73.22** nach

Christian Berndt: Frontera/Borderlands. In: Geographische Rundschau Heft 1/2007. Braunschweig: Westermann, S. 20; **74.1** Klett-Archiv (Norbert von der Ruhren, Aachen), Stuttgart; **78.10** Klett-Archiv (Norbert von der Ruhren, Aachen), Stuttgart; **79.18** Bildagentur-online (Andrea Pistolesi/TIPS), Burgkunstadt; **79.19** Klett-Archiv (Norbert von der Ruhren, Aachen), Stuttgart; **81.27** Klett-Archiv (Norbert von der Ruhren, Aachen), Stuttgart; **82.1** Klett-Archiv (Rainer Enkelmann, Filderstadt), Stuttgart; **85.5** laif (Reporters), Köln; **88.12** nach Geschäftsbericht Precious Woods 2010, S. 3; **88.13** Fotosearch Stock Photography, Waukesha, WI

Sollte es in einem Einzelfall nicht gelungen sein, den korrekten Rechteinhaber ausfindig zu machen, so werden berechtigte Ansprüche selbstverständlich im Rahmen der üblichen Regelungen abgegolten.

Anforderungsbereiche und Operatoren

Schriftliches Abitur und mündliche Prüfungen
Nach einer Vereinbarung der Kultusminister sollen die Prüfungsanforderungen im Abitur in allen Bundesländern vergleichbar sein. Entscheidend für die Vergleichbarkeit der Anforderungen ist die Konstruktion der Prüfungsaufgaben. Diese sollen so abgefasst sein, dass sich die Leistungen der Prüflinge möglichst differenziert erfassen lassen. Dazu werden drei Anforderungsbereiche unterschieden, denen Operatoren zugeordnet sind.

Um den verschiedenen Anforderungsbereichen gerecht zu werden, aber auch um den Prüflingen das Verständnis für die Aufgabenstellung zu erleichtern, sind den Anforderungsbereichen sogenannte Operatoren zugeordnet. Sie sind als Verben formuliert (z.B. beschreiben, erläutern, beurteilen) und geben an, was der Prüfling konkret tun soll.

Diese Übersicht bietet Ihnen eine Hilfe zum Verständnis sowohl der Anforderungsbereiche als auch der Aufgabenstellungen in allen Klausuren der Oberstufe bis hin zu den Abiturklausuren sowie in der mündlichen Abiturprüfung.
Die Operatoren wurden bewusst bereits in den meisten Aufgaben zu den einzelnen Kapiteln dieses Buches verwendet, damit Sie den Umgang mit ihnen trainieren können. Sie decken aber nicht alle Aufgabentypen eines Schulbuches ab, da dieses nicht eine primäre Abfrage- bzw. Prüfungsfunktion hat, sondern auch andere, weitergehende Ziele verfolgt.

Anforderungsbereiche	Erläuterungen – Beispiele
Anforderungsbereich I Reproduktionsleistungen umfassen das Wiedergeben und Darstellen von fachspezifischen Sachverhalten aus einem begrenzten Gebiet und im gelernten Zusammenhang sowie die Verwendung gelernter und geübter Arbeitstechniken und Methoden.	– Wiedergeben von grundlegendem Fachwissen unter Verwendung der Fachterminologie – Bestimmen der Art des Materials – Entnehmen von Informationen aus unterschiedlichen Materialien – Benennen und Anwenden von Arbeitstechniken und Methoden
Anforderungsbereich II Reorganisations- und Transferleistungen umfassen das selbstständige Bearbeiten, Ordnen und Erklären bekannter Sachverhalte sowie das angemessene Anwenden gelernter Inhalte und Methoden.	– Erklären kategorialer, struktureller und zeitlicher Zusammenhänge – sinnvolles Verknüpfen und Einordnen unterschiedlicher (z.B. politischer, ökonomischer, soziologischer, historischer, raumspezifischer) Sachverhalte – Unterscheiden zwischen Sach- und Werturteil
Anforderungsbereich III Leistungen der Reflexion und Problemlösung umfassen den reflexiven Umgang mit neuen Problemstellungen, den eingesetzten Methoden und gewonnenen Erkenntnissen, um zu Begründungen, Folgerungen, Beurteilungen und Handlungsoptionen zu gelangen.	– selbstständiges Erörtern unterschiedlicher Sachverhalte – Entfalten einer strukturierten, multiperspektivischen und problemorientierten Fragestellung – Reflektieren der eigenen Urteilsbildung – problemorientiertes Umsetzen von Kenntnissen und Erkenntnissen in gestaltender Form